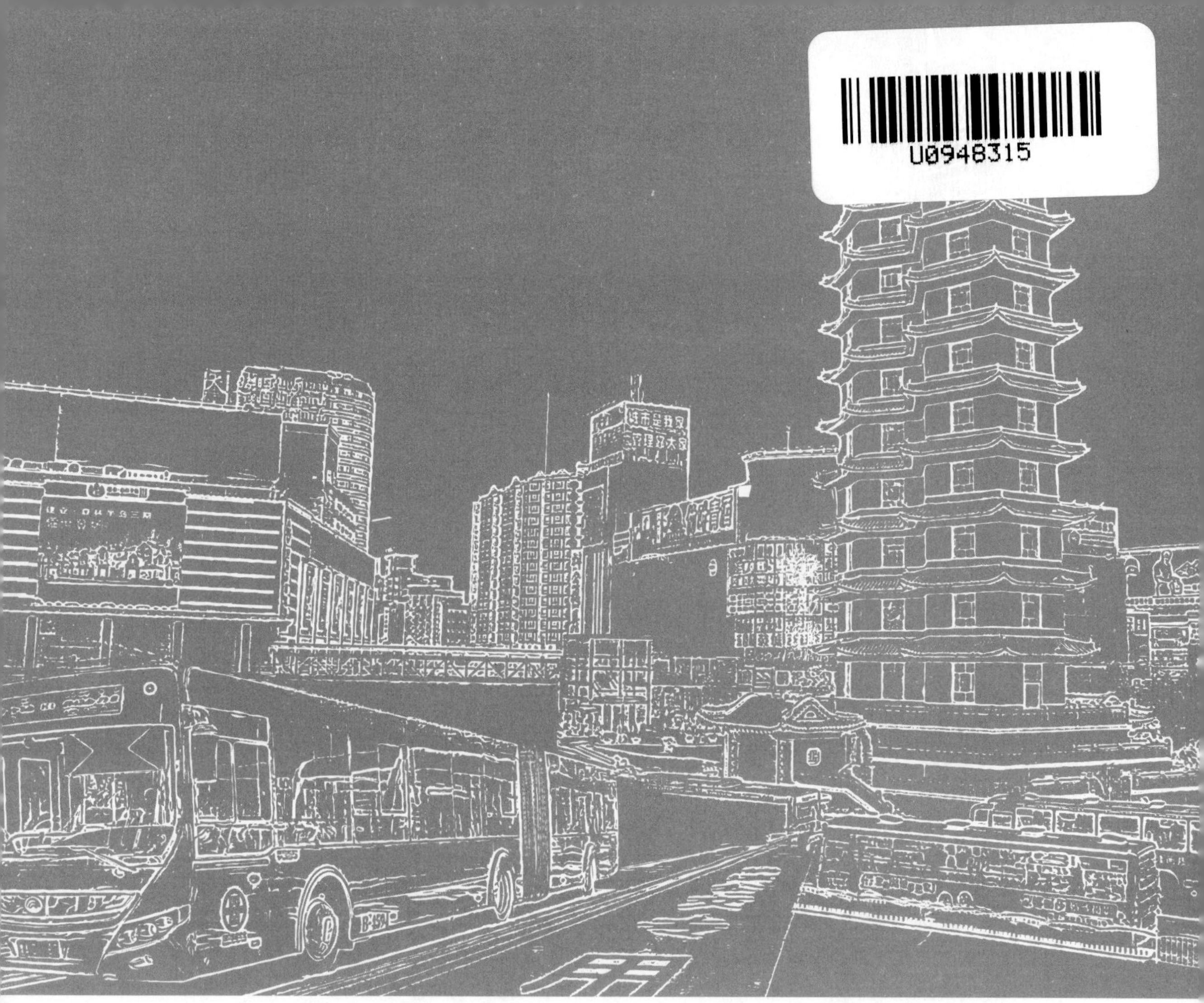

郑州市公共交通

对郑州市经济社会发展贡献的评价研究报告

国家统计局中国经济景气监测中心◎主编

内 容 提 要

本书是国内首例系统阐述城市公共交通对城市经济社会发展贡献的专业图书。本书在深入分析城市公共交通对城市经济社会发展贡献的基础上，构建了城市公共交通对城市经济社会发展贡献的评价指标体系，并依据郑州市城市发展数据进行了实证，测算了郑州市城市公共交通对郑州经济增长、节约社会交通成本、土地增值、交通节能、缓解交通拥堵、降低道路交通事故以及减少污染物排放等方面的贡献。本书可供制定城市交通发展政策的城市政府以及相关规划、设计、研究、咨询单位参考。

图书在版编目(CIP)数据

郑州市公共交通对郑州市经济社会发展贡献的评价研究报告／国家统计局中国经济景气监测中心主编．—北京：人民交通出版社股份有限公司，2014.10

ISBN 978-7-114-11804-3

Ⅰ.①郑… Ⅱ.①国… Ⅲ.①城市交通—公共运输—作用—区域经济发展—研究报告—郑州市②城市交通—公共运输—作用—社会发展—研究报告—郑州市 Ⅳ.①F572.886.11②F127.611

中国版本图书馆 CIP 数据核字(2014)第 242915 号

Zhengzhou Shi Gonggong Jiaotong dui Zhengzhou Shi Jingji Shehui Fazhan Gongxian de Pingjia Yanjiu Baogao

书　　名：郑州市公共交通对郑州市经济社会发展贡献的评价研究报告
著 作 者：国家统计局中国经济景气监测中心
责任编辑：杨丽改　何　亮
出版发行：人民交通出版社股份有限公司
地　　址：(100011)北京市朝阳区安定门外外馆斜街 3 号
网　　址：http://www.ccpress.com.cn
销售电话：(010)59757973
总 经 销：人民交通出版社股份有限公司发行部
经　　销：各地新华书店
印　　刷：北京市密东印刷有限公司
开　　本：787×1092　1/16
印　　张：7.5
字　　数：120 千
版　　次：2014 年 10 月　第 1 版
印　　次：2014 年 10 月　第 1 次印刷
书　　号：ISBN 978-7-114-11804-3
定　　价：25.00 元

编 写 组

组　　长：申　耘　潘建成

成　　员：唐有成　吴　蔷　李晓荣

刘　昕　袁吉伟　陈　苗

田雨晨　隋佳伦　张　本

前　　言

《郑州市公共交通对郑州市经济社会发展贡献的评价研究报告》一书是国家统计局中国经济景气监测中心2012年立项的重点课题研究成果。本书通过定性和定量分析郑州市公共交通大量相关数据，将郑州市公共交通对郑州市经济社会发展贡献做了全面、系统、客观、符合统计原则的评价研究。依据研究结论，郑州市公共交通对郑州市经济发展、民生改善、社会建设、环境治理的贡献是显著而全面的，并保持不断增强的态势。

公共交通是城市重要的基础设施；公共交通是与公众生产、生活息息相关，关系国计民生的社会公共事业；公共交通是引导城市空间布局，建设资源节约、环境友好、社会和谐的现代城市的重要支撑；公共交通对城市经济社会发展具有先导性、长远性的影响，同时具有显著的正外部行业特征。

郑州市公共交通对郑州市经济社会发展的贡献是郑州市委、市政府积极贯彻国家优先发展城市公共交通战略，高度重视、大力支持公共交通，郑州市公共交通总公司努力建设、创新经营公共交通的结果。

近十年来，郑州市公共交通总公司在积极贯彻执行郑州市委、市政府颁布的优先发展城市公共交通相关政策的前提下，坚持“立道致远、行公为民”的企业核心价值观，以发展为主线，以改革创新为动力，以创建畅通郑州、市民满意的公交企业为目标，在运营规模、技术进步、管理创新、服务创优、结构优化、绿色发展、智能提升、队伍建设等方面都取得了显著成效，被评为“河南省改革开放30年卓越贡献国有企业”、“改革开放30年郑州市功勋企业”，此外还获得了多项全国和行业先进荣誉。郑州市公交运营规模和服务能力都实现了快速增长，2013年，郑州市公交车数量达到5745辆，比2001年增长140%；公交运营线路网长度达1263.1km，比2001年增长169%；公交客运里程达2847万km，比2001

年增长302%，为满足人民群众出行需求、推动城市经济与社会快速发展做出了重要贡献。

同时，郑州市公共交通总公司还不断优化线网结构，扩大线网覆盖面；优化车辆结构，增大大运量空调车比例，提高乘客乘车舒适度；优化运营结构，建设快速公交网络。2013年，郑州市BRT线路网总长度超过200km，并以8%的运力承担了全市20%的公交客运量，为乘客日节省出行时间10万h以上，大大增强了公交的吸引力。2013年公交出行分担率达到30.8%，比2005年上升8.3%；2013年公交客运量达10.3亿人次，比2001年增长259%。

郑州市公交信息化、智能化水平也不断提升。2001年郑州公共交通总公司建成卡电子收费系统，2003年建成公交局域网、公交ERP综合信息管理系统、GPS智能调度系统、客服热线导客系统、3G视频监控系统，实现了公交运营管理从传统模式向数字智能模式的转变。

郑州市公共交通总公司还加大了新能源（清洁能源）车辆的使用规模，开展了“中原绿色客运新干线”工程，到2013年新能源车辆达1570辆，占公交运营车辆总数的27%，推进了郑州市“绿色公交”的发展。

本书在借鉴发达国家研究经验的基础上，结合我国城市公共交通发展实际，以郑州市公共交通为样本，进行了开拓性的实证研究，首次建立了城市公交对城市经济社会发展贡献评价研究的理论体系、方法体系和指标体系，填补了国内这方面研究的空白。

希望本书的出版能对科学测度我国城市公共交通对城市经济社会发展贡献，健全城市公共交通绩效评价体系，全面实施“公交优先”发展战略，全力推进“公交都市示范城市”活动深入发展，实现城市可持续发展起到一定的启示作用。

目　　录

绪　论

一、研究背景和研究任务

在工业化的带动下,我国城镇化和机动化的进程明显加快。据统计,1978—2007 年,我国城镇化水平从 17.8% 提高到 44.9%,平均每年增长 0.93%,是 1950—1978 年平均水平的 3.72 倍。到 2007 年,我国内地设市级城市达 655 个,其中人口超过百万的大城市 118 个,100 万 ~200 万人口的大城市 79 个,200 万 ~400 万人口的特大城市 26 个,400 万 ~1000 万人口的超大城市 10 个,千万人口以上的巨型超大城市 3 个。截至 2011 年年底,我国城镇化率突破 50% 关口,达到 51.27%,开始进入到以城市型社会为主体的新城市时代。

与此同时,机动化进程也在加速发展。据统计,2005 年新注册的民用汽车保有量是 2001 年的 3 倍,机动车的增长速度远大于城市道路面积的增长速度。2008 年年底,我国机动车保有量已达 1.6988 亿辆。2010 年,我国汽车产销量突破 1800 万辆,位居世界第一。2011 年年底,我国机动车保有量达到 2.25 亿辆,近 5 年年均增长 1591 万辆,其中私人汽车保有量达到 7872 万辆,同时已有 14 个城市的汽车保有量超过 100 万辆。

城镇化是推进我国经济和社会现代化发展的一个重要动力和标志。在城镇化加速推进的过程中,交通运输作为城市的"动脉",社会对其需求量急剧增长,使城市交通也进入了快速发展时期。

城市交通在得到快速发展的同时,也面临新的挑战。世界城镇化进程中的"城市病"问题在我国一些城市日益显现。

(1)交通拥堵问题。相对于道路网有限的承载力,汽车保有量过多地增长,诱发了交通拥堵。从某种程度上说,交通拥堵是汽车社会的产物。在人们上下班的高峰期,交通拥堵现象尤为明显,在很多大城市中心区,高峰期车辆行驶速度仅有16km/h,甚至更低。据调查,我国655个城市中,约有2/3的城市在早晚出行高峰时段经受着交通拥堵之痛。交通拥堵导致时间和能源的严重浪费,降低了城市运行效率,加剧了环境污染并诱发交通事故。

(2)交通污染问题。城市交通已成为城市空气污染的主要因素之一。环保部门的监测表明,大城市70%以上的空气污染来自汽车废气。当城市交通拥堵时,这种污染也会随之加剧,其对城市空气污染的比重甚至超过80%。美国监测数据显示,汽车废气排放了77%的一氧化碳、45%的二氧化碳、36%的碳氢化合物和22%的颗粒粉尘物质。

(3)交通安全问题。从目前的交通事故总体水平来看,全世界每年大约有70万人死于交通事故,美国每年死于交通事故人数超过4万人,日本超过1万人。统计数据显示,2003年我国道路交通万车事故率远大于美国、日本和德国。2008年,我国交通事故死亡人数为73483人,连续10年位居世界第一。我国汽车保有量约占世界汽车保有量的5%,交通事故却占世界交通事故的16%,其中在城市发生的交通事故比重较大。

(4)停车占地问题。近年城市机动车以每年15%以上的速度增长,而大城市机动车保有量增速每年超过20%,城市停车难成为突出问题。据测算,小汽车保有量达到100万辆时,其停车面积将达到30km^2。我国人口众多,城市土地十分紧缺,城市社区通道特别是一些支路甚至胡同都停满了车辆,妨碍了正常的交通和商业活动。

(5)能源消耗问题。能源短缺一直是困扰我国经济发展的一个重要问题。2011年8月,工业和信息化部发布的数据显示,我国原油对外依存度首次超过美国,达到55.2%。2010年我国进口原油2.39亿t,2011年我国平均每天进口石油600万桶,能源安全问题日益严峻。交通运输是我国主要能源消耗部门之一,在成品油消费中,交通运输消费更是占据半壁江山。2010年,我国汽车消费成品油1.5亿t以上,相当于消费原油3亿t。

日益严重的城市交通问题对城市可持续发展构成了威胁,而优先发展公共交通是解决这一难题的重要战略。随着公共交通对于城市发展贡献的不断提升,城市公共交通时代已经到来,公共交通在引导城市发展和空间布局,促进城市科学发展方面的作用越来越突出。世界城市交通发展实践经验表明,与个体机动交通相比,公共交通具有高效能、大运量、安全快捷等特点,在缓解道路拥堵、降低出行成本、节省土地占用、节约交通能耗、降低环境污染等方面具有显著优势。

(1)公共交通在所有机动车出行中能耗最低。据有关资料统计,公共汽车百公里人均能耗只有小汽车的8.4%,无轨电车是小汽车的4.0%,有轨电车是小汽车的3.4%,地铁是小汽车的5.0%。如果运送相同数量的乘客,公共交通比小汽车节约能耗80%以上。因此,公共交通出行可以大大节约石油消耗。

(2)公共交通在所有机动车出行中人均污染物排放量最少。据有关资料统计,公共交通在高峰时段每人每公里平均排放的碳氢化合物、一氧化碳、氮氧化合物,分别是小汽车的17.1%、6.1%、17.4%。在城市中,如果轨道交通出行分担率达到50%,一氧化碳和氮氧化合物的排放量可分别降低92%和86%。由此可见,发展公共交通可以大量减少污染物的排放。

(3)公共交通的安全系数最高。据欧洲有关资料统计,交通安全水平以每亿人公里死亡率排序,由小到大依次为:轨道交通0.035,公共汽电车0.070,小汽车0.700,摩托车和机动脚踏车13.800。

(4)公共交通人均占地面积最小。据测算,不同的交通工具所占道路面积不同。按照人均交通面积排序,由小到大依次为:公共汽电车1.0~1.5m^2、地铁2.5~5.0m^2、自行车8.0m^2、摩托车18.0m^2、小汽车30.0m^2。

发展公共交通不仅可以有效解决当前城市面临的交通难题,而且对于城市经济社会发展有着显著的贡献。经验表明,公共交通发达的地区经济活跃,人口密集,城市经济价值较高;反之,公共交通欠发达的地区经济活跃度低,城市经济价值较低。

鉴于公共交通在城市发展中具有十分重要的功能和地位,在20世纪60年代末,法国就率先提出了“公交优先”的发展战略。随后,欧美等发达国家大城市纷纷推行“公交优先”的发展模式。

我国在20世纪80年代开始引入优先发展公共交通的理念,但由于当时机动化进程刚刚开始,交通问题不太尖锐,人们还没有将公共交通发展提高到战略高度。进入21世纪,城市交通问题日益突出,优先发展公共交通成为社会各界的共识。2005年9月23日,国务院办公厅(国办发)转发经国务院同意的建设部、发改委、科技部、公安部、财政部、国土部《关于优先发展城市公共交通的意见》(国办发),将优先发展城市公共交通这一符合中国实际的城市发展和交通发展的正确战略思想变为战略部署和行动,这也标志着中国确立了公交优先发展战略。《关于优先发展公共交通的意见》提出确立公共交通在城市交通中的优先地位,要求在规划调控、投资安排、设施用地、路权分配、财税扶持、科研投入等方面优先支持城市公交发展,引导群众选择公共交通作为主要的出行方式;要求科学配置和利用交通资源,建立以公共交通为导向的城市发展和土地配置模式;要求把优先发展公共交通作为实施城市道路畅通工程、创建绿色交通示范城市、改善人居环境的重要内容,促进城市健康发展。2005年11月17日,中国人民政治协商会议全国委员会人口资源环境委员会、建设部城市建设司、中国市长协会、中国城市公共交通协会在郑州市联合举办"优先发展城市公共交通战略研讨暨公交场站建设经验交流会",会议发表了主题为"公交优先在中国,让我们做得更好"的《郑州宣言》,创造性地提出"公交优秀"的郑重承诺和呼吁,为公交优先战略的贯彻实施提供了信心保证和行动支持。2011年3月,经全国人民代表大会审议批准的《中华人民共和国国民经济和社会发展第十二个五年规划纲要》,提出继续实施公交优先发展战略,大力发展城市公共交通系统,提高公共交通出行分担比率的要求和部署。

郑州市作为较早推行"公交优先"的城市之一,秉承"观念优先、设施优先、效率优先、管理优先、安全优先"的发展理念,不断完善公共交通基础设施,优化公共交通运营结构,实施公交路权优先,推进公交技术创新,增强公交供给能力,提高公交服务水平。2006年12月,郑州市被建设部授予"优先发展城市公共交通示范城市"称号,郑州市公共交通总公司被评为"全国城市公共交通文明企业",郑州市公交跨入全国公交先进行列。郑州市公共交通的快速发展为郑州市经济发展、民生改善、节能减排、社会和谐等方面做出了重要贡献。

全面、系统、科学地评估郑州市公共交通在郑州市经济社会发展中的贡献,对于进一步深化社会各界对优先发展城市公共交通的重要性、必要性和科学性的认识，深入贯彻“公交优先”发展战略，更加坚定地推进公交都市建设，提高城镇化发展品质；对于激励公交行业坚持创新发展，不断改进和提高服务品质与水平，增进对城市经济、社会和环境建设的贡献；对于宣传和引导公众优先，选择公共交通等绿色交通方式出行，推进公交优先战略全面深入实施，具有积极影响。

二、研究思路、研究内容及研究方法

郑州市公共交通对郑州市经济社会发展中的贡献研究思路、研究内容和研究方法如图 0-1 所示。

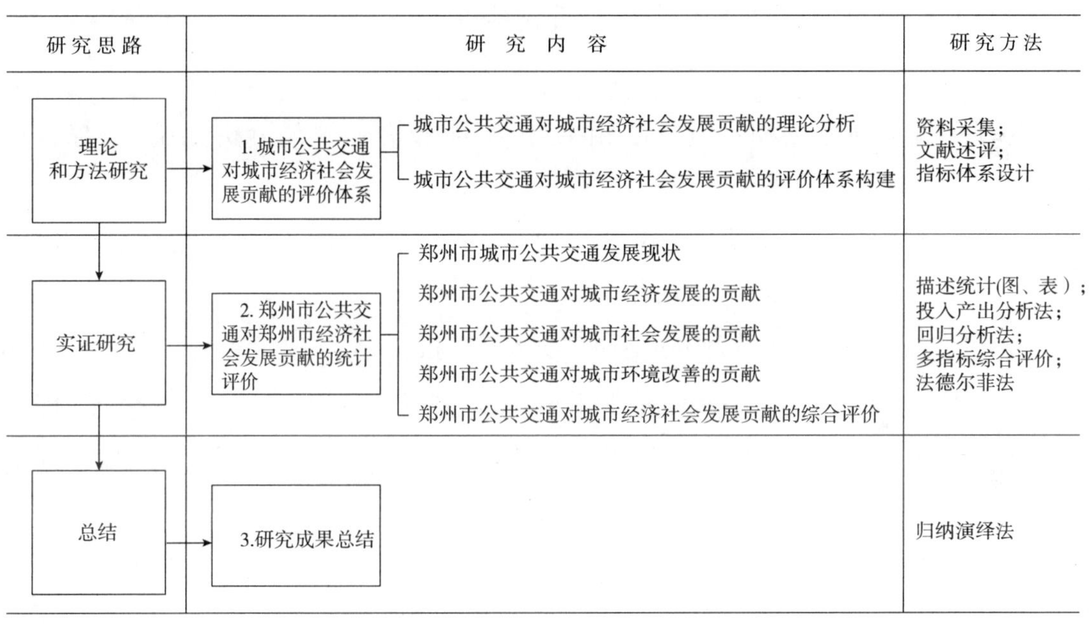

图 0-1　研究思路、内容及方法

1. 研究思路

从研究任务出发，确定研究思路：首先，从理论和方法上，通过研究公共交通行业的特征，以及国内外的相关文献，遵循系统、全面的原则，构建公共交通对城市经济社会发展贡献的评价体系。其次，从应用和实证上，定量地对郑州市公共交通对郑州市经济社会发展的贡献进行评价，遵循科学、严谨的原则，用实际数据描绘出郑州市公共交通对郑州市经济社会发展的贡献。最后，总结研究成果。

2. 研究内容

(1)从理论和方法上构建公共交通对城市经济社会发展贡献的评价体系。

这部分内容在本书分为两章详述:第一章城市公共交通对城市经济社会发展贡献的理论分析;第二章城市公共交通对城市经济社会发展贡献的评价体系构建。

(2)从定量角度用郑州市公共交通对郑州市经济社会发展贡献进行评价。这部分内容在本书分为第三章至第七章详述,共五章。第三章郑州市公共交通发展现状,第四章郑州市公共交通对郑州市城市经济发展的贡献,第五章郑州市公共交通对郑州市城市社会发展的贡献,第六章郑州市公共交通对郑州市城市环境改善的贡献,第七章郑州市公共交通对郑州市城市经济社会发展贡献的综合评价。

(3)总结研究成果,即本书第八章研究结论。

3.研究方法

本研究将定性方法和定量方法相结合、实证分析和规范分析相结合,综合运用多种研究方法。

(1)主要运用资料采集、文献述评、归纳总结的方法,构建城市公共交通对城市经济社会发展贡献的评价体系。

(2)主要通过描述统计指标(图形、表格、数据计算)、投入产出分析法、回归分析法等方法,从定量的角度评价郑州市公共交通对郑州市经济、社会、环境三个方面的贡献,并运用多指标综合评价法、德尔菲法综合评价郑州市公共交通对郑州市经济社会发展的贡献。

(3)运用归纳演绎的方法对研究结论进行总结。

第一章

城市公共交通对城市经济社会发展贡献的理论分析

第一节　城市公共交通的内涵和外延

一、城市公共交通的起源及发展

1819 年,法国巴黎市出现了为公众提供租乘服务的公共马车,这是建立城市公共交通的里程碑。1863 年世界上第一条以蒸汽为动力的地下铁道在英国伦敦市建成通车。1870 年伦敦市出现了轨道马车。

近百年来,工业发展促进了交通工具和技术装备不断更新,加速了城市公共交通现代化发展的进程,性能落后的交通工具逐渐被淘汰。公共马车和轨道马车先后被有轨电车、无轨电车和公共汽车取代,以蒸汽为动力的地下铁道被电气化地下铁道取代。此后,公共汽车在城市公共交通结构中逐步发展成为主体。第二次世界大战以后,比利时和联邦德国先后对旧式有轨电车逐步地进行了技术改造,使它变成速度快、载量大、安全舒适的快速有轨电车。20 世纪 60 年代以来,大城市交通量迅速上升,地面交通拥堵日益严重,从而促进了地下铁道的建设和发展。20 世纪 80 年代初期,世界上约有 60 个城市建有地下铁道或快速有轨电车线路,营业线路总长度 3280km,其中地下线路总长度为 2080km,年客运量约 150 亿人次。

20 世纪 80 年代初期,在有些国家的大城市中,已建成由多种交通工具综合配套,地面、地下和高架线路多层结构,干线交通与支线交通相互衔接,比较完善的城市公共交通体系。

自1949年以来,我国城市公共交通事业发展迅速,2011年客运量已经达到1165.5亿人次,平均每天有3.2亿人次乘坐公共交通工具出行。为了发展城市公共交通,我国于20世纪70年代后期在几个主要城市设立了公共交通研究机构,开展城市公共交通方针政策、技术方案和发展规划等方面的研究。

城市公共交通的研究工作早已引起人们的重视。1885年在布鲁塞尔成立了国际轨道运输联合会,1939年改称国际公共运输联合会(UITP),专门从事公共交通事业中的技术、经济、管理等方面的研究,定期交流经验。到20世纪80年代初,国际公共运输联合会已拥有近60个会员国。

二、城市公共交通的定义

城市公共交通是指在城市区域内,利用多种交通工具和有关设施,按照核定的线路、站点、时间和票价运营,为社会公众提供经济、快捷、方便出行服务的客运系统。

现代城市公共交通属于公共机动客运交通,其主要的交通方式有公共汽车、无轨电车、轨道交通、轮渡等,与公共交通相对应的是个体机动交通。

城市公共交通具有集约高效、节地节能、安全环保等优点,是适用于所有人出行的交通方式,是与社会公众生产生活息息相关的重要基础设施,是关系国计民生的社会公共服务和公益性事业。

三、城市公共交通的特征

城市公共交通的特征主要体现在以下七个方面:

(1)公共服务与政府管制。城市公共交通服务为典型的公共产品,满足不同人的同时消费,服务的对象不是个体,而是整个城市居民和流动人口。城市公共交通提供的服务具有非排他性和公益性。公益性最大的特点就是最大限度地保证使用者低付费,而不是把利润最大化作为营运的目标。正因如此,城市公共交通经营组织、线路安排和票制票价受到政府的管制,政府财政从各方面支持公共交通事业,在政策、资源配置等方面都向公共交通行业倾斜。

(2)需求的周期性和单向性。这是城市公共交通的特有属性。通常在上下班交通高峰客流时段,需求量一般为平时的3~5倍,甚至更高。因此,按平时交通需求量来配置公共交通工具往往难以满足交通高峰期的需求。再加之上下班客流量单向流动性,往返客流量差距较大。

(3)需求弹性较小。城市公共交通提供的是居民日常交通出行服务,对使用者来说,大多为必需品。因此,价格对使用量或需求量的影响有限,换言之,在居民可承受的范围内,价格不是居民出行与否的首要因素。

(4)正外部性。城市公共交通对城市发展有巨大的正外部性,主要表现在公共交通发展可以为居民提供方便、快捷、安全、经济的出行服务,减少个体机动车出行,缓解交通拥堵,改善城市环境;促进区域经济发展;提高沿线房地产价格;优化城市空间布局,引导城市发展等。

(5)垄断性和竞争性。公共交通的垄断性主要体现在线路的规划建设、票价监管以及运营标准等方面。其线路运营具有一定的竞争性,可以通过市场化来选择经营者。竞争性还表现在增强吸引力,降低运营成本,提高服务品质,与个体机动交通的竞争。

(6)资本密集性和规模效益。公共交通行业具有资本密集性、沉没成本性以及自然垄断性。一方面体现为公共交通行业需要投入大量的资金,并且资产具有专用性,不能轻易挪作他用,尤其是轨道交通,沉没成本巨大,一旦投资后,一般很难转移到其他用途上去,如不继续经营,很多设施的残值都极为有限。另一方面,公共交通具有规模经济效益,随着运送乘客的增加,单位成本下降,具有边际成本递减规律。

(7)经营主体的二重性。公共交通企业和一般性的工商企业一样,具有经营性和竞争性,必须以经济效益为中心,进行独立核算,维护企业正常运转,补偿生产耗费,追逐适当的利润,以扩大规模。而公共交通构成了城市生活的必需品,大多数居民乘坐公共交通出行,具有典型的社会公益性。这使得城市公共交通运营企业具有了二重性的特点。

①经营的二重性。城市公共交通行业既是服务型企业又具公益性质。作为企业,它必须独立核算维护企业正常运转,补偿成本耗费;而作为城市基础设施,开辟线路、确定班次及运营时间必须满足群众需要,票价调整又受政府控制,边

远新开线路客流少亏损严重，但又不能关闭。公共交通行业集公益性和经营性为一体，应追求"一高五低"：高分担率、低资源占用率、低事故率、低能耗、低环境污染、低财政负担。

②效益的二重性。公共交通作为城市重要的基础设施和社会文明窗口，必须提高客运能力和服务水平，提高社会效益。但同时还必须加强经营管理，提高运营效率，增加收入，保障企业生存发展和职工收入不断增长，提高经济效益。

③效果的二重性。公共交通企业通过增强竞争力提高服务品质和经济效益，增加企业与职工收入，具有经营活动的直接效果。公共交通企业又是人们生存和发展过程中不可缺少的中介，与居民的生活、事业息息相关，公共交通的劳动价值融入社会各个领域，促进社会进步和经济发展是其间接效果。

第二节　城市公共交通对城市经济社会发展贡献的相关文献综述

系统性地研究城市公共交通对城市经济社会发展贡献的文献不多，尤其是国内相关研究较少。国内外专家学者从事的相关研究主要集中于公共交通在城市经济社会发展中某一方面的贡献，如减少城市污染排放、缓解交通拥堵、节约出行成本、带动经济增长等。现就国内外的相关研究状况进行简要的综合评述。

一、国外研究文献综述

城市公共交通在欧美国家发展历史较长，相关研究也较我国丰富，尤其是美国公共交通协会（American Public Transportation Association，简称 APTA），对美国公共交通的经济社会效益进行了深入的研究。2010 年美国公共交通协会的一份研究报告（Public Transportation：Moving America Forward）对美国公共交通在美国社会中的地位和贡献做了详尽的分析。报告指出：

（1）公共交通服务于越来越多的乘客，满足越来越多的需求：每周大约有 3500 万人次乘坐公共交通出行；每年乘坐公共交通出行次数超过 100 亿人次，是乘坐国内航线出行次数的 15 倍。

(2)公共交通有助于推动经济增长,公共交通投资带来巨大的经济效益。一是创造大量的就业岗位:在国家交通基础设施建设上每10亿美元的投资就支持36000个工作岗位;二是刺激了商业活动:10亿美元的公共交通投资支持和创造的36000个工作岗位大概能产生36亿美元的零售额,产生将近5亿美元税收,总的来说,每1美元的公共交通投资产生4美元的经济活动;三是节省了个人的开支:乘坐公共交通的乘客每年节省近1400美元的汽油费用,而且乘坐公共交通可缩减额外的汽车需求,这项支出在每年的家庭平均预算中超过9000美元;四是架起了农村和郊区人口进城就业的桥梁。

(3)公共交通有助于减少对进口石油的依赖:由于公共交通的发展,每年可以节约42亿加仑(159亿L)的汽油,这要比每年从科威特进口的原油中所提炼汽油的3倍还要多。

(4)公共交通有助于减少空气污染和碳排放量:公共交通每年可减少3700万t的二氧化碳排放量,相当于为490万家庭供电所排放的二氧化碳量,或者相当于华盛顿、纽约、亚特兰大、丹佛以及洛杉矶供电所产生的二氧化碳排放量的总和。

(5)公共交通有助于缓解交通拥堵:TTI的研究报告指出,公共交通服务在美国最拥堵的城市中为出行者节约了137亿美元,约6.46亿h出行时间。

(6)公共交通在紧急情况时刻发挥着重要的转移疏散作用:只有公共交通有能力快速转移数以百万计的人,并且为运送设备和紧急救援人员提供关键性支持。911事件也说明在紧急时刻公共交通有着至关重要的作用。

(7)公共交通为住在郊区的人们提供出行便利。公共交通为住在郊区的人们在就业、教育、医疗服务、社会服务、购物、娱乐以及访问亲友等方面提供了更便捷的服务。2008年,美国小城市和乡村地区的居民利用公共交通进行了6.21亿人次出行。

(8)公共交通为所有人提供交通便利,尤其是为学生就学和老年人独自出行提供了便利。盐湖城大学的TRAX轻轨线路为超过45000名学生和教职工提供服务,减轻了校园交通堵塞、减少了大学停车开销。美国哈里斯互动调研公司的一份针对65岁以上老年人的全国性调查显示,80%以上的老年人认为公共交通对于单独出行、特别是夜间单独出行是更好的选择,83%的老年人一致认为借助公共交通系统,他们可以方便地购买日常生活用品。

(9)公共交通促进了房地产的开发,提升了房地产的价值:交通导向发展中心于2008年进行的一项调查研究显示,在公共交通设施附近,一个独立家庭住宅(独栋别墅)增值32%,公寓住房增值18%,出租公寓增值45%,商业用房增值120%,零售业用房更是增值167%。

(10)公共交通有助于减少环境污染,降低呼吸系统发病率、降低意外事故发生率、提供步行锻炼的机会,提升了人们的生活品质。

从该报告看出,城市公共交通不仅满足了居民出行的需要,而且在促进经济增长、节约能源、减少污染排放等多个方面具有重要贡献。

二、国内研究文献综述

国内在城市公共交通对城市经济社会发展的贡献也开展了一些相关研究,但系统、全面研究的文献较少,就某一方面进行研究的文献较多。

范雪婷对公共交通与小汽车出行的社会成本构成及计算模型进行了研究,将社会成本分为拥堵成本、环境污染成本和交通事故成本,并且以广州市为例,对公共交通和小汽车的社会成本进行了对比分析。研究发现除了在拥堵成本上公共交通高于小汽车外,其他两项成本公共交通均低于小汽车;在总社会成本上公共交通比小汽车存在着明显优势,为调整城市公共交通与小汽车出行政策提供了理论支持。

陈峰、吴奇兵用轨道交通对房地产增值贡献进行了定量研究,分析了轨道交通建设对房地产增值贡献的本质是节省了居民出行的广义交通成本。同时以北京市为例,测算出轨道交通沿线2km以内,房价的平均涨幅为238元/m^2。

贾洪飞等人在《轨道交通对房地产增值影响的计算》一文中,采用特征价格法的半对数模型计算了长春市轻轨3号线引起的沿线房地产的增值量,计算结果表明,在轨道交通沿线1.5km以内,房价的平均涨幅为91.75元/m^2。

同济大学的何宁博士根据运输成本和土地价格的理论关系,修正日本学者Aoki的定量关系式,构造了运输成本和土地价格的理论模型,如式(1-1):

$$P = e^{-aTC+b} \quad 或 \quad P = e^{-aTC} \times e^{b} = P_{\max} \times e^{-aTC} \tag{1-1}$$

式中:P——地价,元;

TC——距离市中心区的交通(运输)成本,元;

a、b——模型参数。

1994 年上海市职工年平均工资为 7401 元/年，奖金和计时超件性工资 2396 元/年，平均收入为 9797 元/年，平均时间价值约 3.35 元/h（0.056 元/min）。根据上海市地铁 1 号线淮海路（常熟路站）至锦江园（1 号线终点站）、莘庄（1 号线延伸终点站）乘地铁的交通成本和沿线车站附近的房价数据，用最小二乘法确定系数后，得到交通成本和房价的定量关系，如式（1-2）：

$$P = 11409.14e^{-0.3217TC} \tag{1-2}$$

R 统计量 = 0.8518，F 统计量 = 34.488

同济大学叶霞飞、蔡蔚调查分析 1991—2000 年上海地铁 1 号线莘庄站至漕宝路站 2km 内外的多层住宅房地产价格情况，构建了如下模型，如式（1-3）：

$$\Delta P_i = a_1 \ln xi_1 + a_2 \ln xi_2 + a_3 \tag{1-3}$$

式中：ΔP_i——地铁车站 2km 圈内地块 i 与圈外附近区域的多层住宅平均房价差，元；

xi_1——距地块 i 最近的地铁车站沿线路方向至人民广场站的距离，km；

xi_2——地块 i 中心至最近的地铁车站的出行距离，km；

a_1、a_2、a_3——模型参数。

通过回归得到下面的房价差函数，如式（1-4）：

$$\Delta P_i = 919.9 \ln xi_1 - 379.3 \ln xi_2 + 1274.9 \tag{1-4}$$

样本的残差平方和为 $\sigma_2 = 4479988$，回归标准误差为 $s = 451.26$。

因此，城市轨道交通对沿线区域房价影响显著，房地产开发商所获得的开发利益是十分巨大的，而且这部分利益的大部分都被开发商无偿占有，从公平角度出发，应将其开发利益的一部分还原给轨道交通。

第三节　城市公共交通对城市经济社会发展贡献的理论分析

城市公共交通是城市经济、社会发展的重要条件，是提高城市综合功能、增强城市活力的重要因素。城市公共交通对城市经济社会发展的贡献可以归结为以下 3 个方面，即公共交通对城市经济增长的贡献、公共交通对城市社会发展的贡献、公共交通对城市环境改善的贡献。

一、公共交通与城市经济增长

(一)城市经济增长的含义

所谓经济增长,通常是指一个较长的时间跨度中,一个国家或地区为其人民提供产品和劳务的生产能力的扩大,表现在数量上,通常是国内生产总值(或国民收入)与人均国内生产总值(或人均国民收入)的增加。由于生产能力的增长主要取决于一个国家或地区的人力资源、自然资源和资本积累的数量和品质,以及技术水平等因素,因此,经济增长也包含着这些决定生产能力的诸多因素的扩大与改进。

城市经济增长和国民经济一样,总是表现为实物的增长、价值的增长、人口的增长 3 个方面。其过程就是经济要素在地区之间、部门之间乃至经济单位之间流动与积累的过程。其变化也都反映为投资与收入的相对变化,即经济增长实质是投资和收入的函数,投资直接推动了经济增长的开始,而收入则间接影响着经济增长的要求,二者相辅相成,决定了城市经济增长的方向与速度。

(二)城市经济增长的测度指标

城市经济增长的测度指标通常用国民收入来反映。国民收入是指一个国家生产要素(包括土地、劳动、资本、技术、企业家才能等)所有者在一定时期内提供生产要素所得的报酬,即工资、利息、租金和利润等的总和。

国民收入是反映一个国家国民经济发展水平的综合指标,人均国民收入则是直接反映这个国家社会生产力发展水平和人民生活水平的综合指标。国民收入作为综合指标,它可以反映社会再生产及其最终结果。国民收入作为一个国家一定时期内新创造的价值的总和,能够比较准确地反映这个国家新增加的物质财富,因而也是反映宏观经济效益的综合指标。

从要素贡献的角度看,国民收入包括工资、利息、租金和利润等;从国民收入的主体来看,国民收入可分为居民的收入、企业的收入以及政府的收入。

(三)公共交通与城市经济增长的关系

1. 城市公共交通投资促进经济的增长

投资、消费和出口是拉动经济增长的三驾马车,城市公共交通作为国民经济的基础部门,公共交通投资有利于拉动经济增长,同时通过乘数效应,撬动更大的市场需求。尤其是在经济增速放缓时,加强对公共交通等基础设施投资是积极财政政策的重要体现。

2. 城市公共交通带动相关产业的增长

城市公共交通具有较大的正外部性,可带动相关产业的增长,如公交车辆的购置、维修可带动汽车制造业以及汽车维修产业的发展;公交车辆的运营带动能源生产供应业的发展;轨道交通的发展可带动相关车辆制造业的发展;公交场站的建设可带动建材以及建筑施工业的增长;公交智能化建设可带动相关电子信息产业的发展;新能源公交车的使用可以促进新能源的技术开发和设施建设等。除了以上直接的带动作用外,还可以通过间接的影响,如城市公共交通可以促进钢材、水泥、机电等多种产业的发展。

从城市公共交通的下游来看,为居民提供出行服务,增强了城市的流动性和便捷性,带动了经济的活跃和商业的繁荣,提高了城乡的可达性和宜居性。

3. 城市公共交通促进城市土地的增值

城市土地增值的原因可以归结为以下 5 点:

(1)土地使用者或经营者在长期的土地使用和经营过程中,对土地的不断投资、改造而引起土地增值;

(2)政府对城市公共设施的不断投入,投资环境的不断改善,或因土地使用者投资而产生的土地收益的扩散效应而引起的土地增值;

(3)土地利用类型改变,如由工业用地转变为商业、金融用地,由住宅用地转变为商业用地等,从而产生土地增值;

(4)因经济社会的发展,城镇人口逐渐增多以及房地产业的发展,造成城镇建设用地供不应求而引起土地增值;

(5)由于方针、政策的改变,引起土地投资的需求增加,导致土地增值。这些原因大多与地租增值和土地资本增加有关。

因此,城市公共交通的发展,属于政府主导的城市公共基础设施投入,既通过提供城市居民便利出行的服务而提升整座城市或某一地区的土地等级,促使土地增值,又通过建设公交场站、开辟公交线路在土地上追加了资本投入,提升了土地价值。

二、城市公共交通与城市社会发展

城市公共交通作为城市的重要基础设施，承担着服务居民出行、支撑和保障社会有效运行的重要任务。随着城市人口不断聚集、机动车保有量的不断增长，城市交通拥堵问题日益严重。大力发展公共交通，引导居民选择公交出行，一方面，有利于缓解城市交通拥堵，降低出行时间，节约出行成本；另一方面，城市可用土地不断减少，石油资源日益紧缺，大力发展公共交通可以实现土地和石油资源的高效利用和节约。因此，城市公共交通对于城市社会发展的贡献可以从增加就业、提高公交出行分担率、节约土地、节约能耗、缓解交通拥堵、改善交通安全等方面体现出来。

1. 发展城市公共交通满足居民出行需求

随着城镇化水平以及居民生活水平的提升，居民出行次数和出行距离逐步增加，出行需求日益增长，出行方式也呈现机动化趋势，由此引发了城市交通拥堵、环境污染等一系列问题。这就需要大力发展公共交通，建设以公共交通为主体的城市交通体系，提高公共交通运输能力和线网覆盖面，满足居民出行需求，吸引更多居民选择公共交通出行，提高公交出行分担率。未来，社会发展将更加突出公共交通在城市建设中的引导作用，通过完善公共交通来引导城市功能布局和城市形态发展，提高城市生活品质和可持续发展水平，从而增强城市竞争力。

2. 发展城市公共交通缓解交通拥堵

由于城市人口和城市功能不断聚集，居民的出行需求和机动车保有量迅速增加，我国城市交通拥堵问题正由一、二线城市快速向三、四线城市蔓延。统计显示，因为交通拥堵和管理问题，中国 15 座百万人口以上的城市日均损失近 10 亿元。国际大都市发展经验证明，人口密度高的地区，人均道路用地资源必然紧张，根本不能适应小汽车的高速度增长、高频率使用的发展模式。单纯通过增加道路资源供给来满足快速增长的机动交通需求，并不是解决交通拥堵问题的根本出路。大力优先发展公共交通才是解决大城市交通问题的必然选择，其中最关键的是提高公共交通吸引力。

3. 发展城市公共交通有助于节约土地资源、降低能源消耗

我国正处于城镇化快速发展时期，对土地资源以及能源的需求巨大，在满足

城市功能的条件下,可用于道路交通使用的土地资源十分有限,因此必须发展高效集约的公共交通方式,提高资源利用效率,走可持续发展之路。公共交通与小汽车交通在道路资源占用、能源消耗等方面具有很大差异。在人均占用道路面积、耗油比等方面,公共交通均比小汽车出行具有明显的资源节约优势。

三、城市公共交通与城市环境改善

宜居的城市生态环境是城市文明发展的方向。然而,城镇化进程的加快、城市人口密集、机动车保有量的增加等都给城市环境带来巨大压力。其中,机动车的快速增长是导致城市生态环境恶化的重要原因之一。为应对机动车保有量的不断增长的趋势,世界各国一方面提升机动车的环保标准,另一方面大力发展公共交通等绿色交通方式。

(一)实施公交优先发展战略是解决我国机动车污染的有效措施之一

当前,我国机动车保有量高速增长。2010 年汽车产销量双双突破 1800 万辆,连续 3 年成为世界汽车产销第一大国。机动车为人们生活带来便利的同时,也带来了严重的大气污染问题。监测表明,我国城市空气开始出现煤烟和机动车尾气复合污染的特点。一些频繁发生污染问题地区,与车辆尾气排放密切相关。同时,由于机动车大多行驶在人口密集区域,尾气排放会直接影响人们的健康。机动车污染已经成为大气环境污染最突出、最紧迫的问题之一。

针对不断恶化的城市大气环境,我国积极加大机动车污染防治力度,从新车环保准入、在用车环境监管、车用燃料清洁化等方面采取综合措施,扎实推进机动车环境保护工作。目前采取的措施主要有以下 4 个方面:

(1)加快推行更严的机动车排放标准。自 2000 年实施机动车第一阶段排放标准(简称“国 I 标准”)以来,我国已实现国 I 标准到国Ⅳ标准的快速升级。2010 年新车的单车排污量比 2000 年下降 90% 以上。

(2)加速淘汰高排放车辆。有关部门和地方纷纷出台鼓励节能环保汽车发展的政策措施,大力实施汽车“以旧换新”政策,加快推进“黄标车”淘汰。2010 年仅中央财政就支持淘汰“黄标车”28.8 万辆,为发展低碳排放汽车腾出一定的环境容量。

(3)强化机动车环境监管。国家先后颁布实施近 100 项机动车环保标准和规范,建立了新车源头控制、在用车环保检验、环保标志核发等一整套环境管理制度,基本形成机动车污染控制体系和监管能力。

(4)大力实施公交优先发展战略,积极倡导"绿色出行"。推动车用燃料无铅化和低硫化,协调推进"车、油、路"同步升级。经过社会各界的不懈努力,虽然"十一五"期间我国机动车保有量增长了60.9%,但污染物排放量仅增加了6.4%,取得初步成效。

"十二五"时期,是全面建设小康社会的关键时期,也是着力解决大气环境突出问题的攻坚时期。《中华人民共和国国民经济和社会发展第十二个五年规划纲要》将氮氧化合物排放总量削减10%作为约束性指标,机动车作为仅次于火电厂的第二大类污染源,排放的氮氧化合物约占全国总量的30%。机动车污染物减排的成败,直接关系到"十二五"总量目标任务能否顺利完成。公共交通以其效率高,人均污染排放低的优势,在"十二五"时期减排中将发挥积极作用。

(二)公共交通有助于减少温室气体和有害物质排放

机动车的尾气污染物分为两大类:一类是造成全球变暖的温室气体,即二氧化碳,该气体虽然对人类健康没有直接的危害,但对全球生态环境的影响极大;二是直接危害人类健康的有害物质,包括一氧化碳、氮氧化合物、碳氢化合物、颗粒物等。

城市公共交通以其相对于小汽车大容量载客的优势,对改善城市环境的贡献体现在以下两个方面:一是可以减少温室气体的排放,二是可以减少有害物质的排放。

1.公共交通有助于减少温室气体的排放

温室气体指的是大气中能吸收地面反射的太阳辐射,并重新发出辐射的一些气体,如水蒸气、二氧化碳、大部分制冷剂等。它们会使地球表面变暖,类似于温室截留太阳辐射,并加热温室内的空气。这种温室气体使地球变得更温暖的影响称为"温室效应"。水汽(H_2O)、二氧化碳(CO_2)、氧化亚氮(N_2O)、甲烷(CH_4)、臭氧(O_3)等是地球大气中主要的温室气体。

近年来,世界各国出现了几百年来历史上最热的天气,厄尔尼诺现象也频繁发生,发展中国家抗灾能力弱,受害情况最为严重,发达国家也未能幸免于难。1995年芝加哥的热浪造成500多人死亡。20世纪80年代,保险行业同气候有关的索赔约140亿美元，1990—1995年间几乎达500亿美元。这些都与温室气体的排放有密切关系。科学家预测大量排放温室气体可能出现的影响和危害有以下4个方面：

1）导致海平面上升

全世界大约有1/3的人口生活在沿海岸线60km的范围内，沿海地区经济发达，城市密集。全球气候变暖导致的海洋水体膨胀和两极冰雪融化，可能到2100年海平面将上升50cm（0.5m），危及全球沿海地区，特别是人口稠密、经济发达的河口和沿海低地。这些地区可能会遭受淹没或海水入侵，海滩和海岸遭受侵蚀，土地恶化，海水倒灌和洪水加剧，港口受损，并影响沿海养殖业，破坏供排水系统。

2）影响农业和自然生态系统

随着二氧化碳浓度的增加和气候变暖，可能会增加植物的光合作用，延长生长季节，使世界一些地区更加适合农业耕作。但全球气温和降雨形态的迅速变化，也可能使世界许多地区的农业和自然生态系统无法适应或不能很快适应这种变化，使其遭受很大的破坏性影响，造成大范围的森林植被破坏和农业灾害。

3）加剧洪涝、干旱及其他气象灾害

气候变暖导致的气候灾害增多可能是一个更为突出的问题。全球平均气温略有上升，就可能带来频繁的气候灾害——过多的降雨、大范围的干旱和持续的高温，造成大规模的灾害损失。科学家根据气候变化的历史数据推测，气候变暖可能破坏海洋环流，引发新的冰河期，给高纬度地区造成可怕的气候灾难。

4）影响人类健康

气候变暖有可能增加人类患危险疾病、传染病或死亡的概率。高温会给人类的循环系统增加负担，热浪会引起死亡率的增加。由昆虫传播的疟疾及其他传染病均与温度有密切关系，温度的升高可能使许多国家疟疾、淋巴腺丝虫病、血吸虫病、黑热病、登革热、脑炎增加或再次发生。在高纬度地区，这些疾病传播的危险性可能会更大。

为了应对温室气体排放所带来的全球变暖、环境恶化等不良后果，1997年12月11日，《联合国气候变化框架公约》第三次缔约方大会在日本京都召开，促生了公约的第一个附加协议《京都议定书》。2005年2月16日，《京都议定书》

正式生效,这是人类历史上首次以法规形式限制温室气体排放。《京都议定书》的目标是在2008—2012年间,将主要工业发达国家的二氧化碳等6种温室气体排放量在1990年的基础上减少5.2%。

随着我国经济的快速发展,我国温室气体排放量的快速增加备受国际社会高度关注。目前,我国温室气体排放存在快速增长的势头,其特点是排放总量大、增长快,人均排放量已经接近并将很快超过全球人均排放量水平。因此,我国面临着温室气体排放的严峻挑战。

目前,全世界二氧化碳排放量已超过200亿t,其中汽车排放量约占10%~15%。汽车排放废气中二氧化碳占废气总量的20%。进入低碳经济时代,减少机动车尾气排放对温室气体减排会产生很大影响。大力实施公交优先发展战略,积极推动"低碳出行"是我国目前倡导减少温室气体排放的主要措施之一。与小汽车相比,公共交通以其集约高效,人均温室气体排放低的特点,在"十二五"时期温室气体减排中将发挥积极作用。

2. 公共交通相对小汽车出行有助于减少有害物质排放

小汽车排放的污染物主要有一氧化碳(CO)、碳氢化合物(HC)、氮氧化合物(NO_X)、颗粒物(PM)。一氧化碳是汽油等燃烧不充分时的产物,尾气中一氧化碳和人体中红血球的血红蛋白有很强的亲和力,比氧强几十倍,亲和后产生氧碳血红蛋白,从而削弱血液向组织输送氧的功能,造成人体内缺氧,危害中枢神经系统,造成感觉、反应、理解、记忆等机体功能障碍,重者危害血液循环系统,最终导致生命危险。

氮氧化合物主要是指NO、NO_2,都是对人体有害的气体,特别是对呼吸道系统有危害。在NO_2浓度为9.4mg/L(5PPM)的空气中暴露10min,即可造成呼吸系统失调。HC和NO_X在大气环境中受强太阳光紫外线照射后,产生一种复杂的化学反应,生成一种新的污染光化学烟雾,造成严重的二次污染和生态环境的破坏。

颗粒物主要分成总悬浮颗粒(TSP)、PM10、PM2.5三类。PM2.5也称为可入肺颗粒物,这些颗粒物还不到人类一根头发丝的1/20。汽车尾气是PM2.5的主要来源之一。与较粗的大气颗粒物相比,PM2.5又小又轻,很难自然沉降到地面上,而是长期漂浮在空气中,并且吸附大量有毒、有害物质,因此对人体健康和大气环境质量的影响更大。

机动车排放的有害气体严重危及人体健康，主要体现在以下 2 个方面：

1）降低呼吸系统免疫功能，增加患病概率

机动车排放废气由于靠近人体呼吸带，人体呼吸系统成为其危害的主要器官。国内外研究表明，长期接触汽车尾气可直接刺激人体呼吸道，使呼吸系统的免疫力下降，导致慢性气管炎、支气管炎及呼吸困难的发病率升高，使肺功能下降。职业性长期暴露于机动车废气环境中亦可使某些部位肿瘤发病危险增加。

2）降低人体免疫机能，增加患病风险

研究已经证明铅对人体的影响是全身性的、多系统的，对神经、血液和造血、消化、泌尿、内分泌、免疫等系统以及儿童的身体发育均有毒害作用。汽车尾气中的铅则是城市污染中铅的主要来源。

机动车尾气的排放严重影响到城市大气的品质。据统计，全国城市空气品质达到二级以上、三级及三级以下标准的城市各占 1/3。全国城市主要污染物为可吸入颗粒物，全国近 2/3 的城市可吸入颗粒物年均浓度超过国家二级标准，并且近 30% 的城市超过国家三级，主要分布在华北北部和西北地区，这与当地高能耗的产业结构和荒漠化的环境条件有关。随着小汽车走入百姓家庭，汽油消耗量急剧增加，氮氧化合物、一氧化碳等污染物将会增加，城市交通环境污染将进一步加剧。为此，我国须大力实施公交优先发展战略，发挥公共交通效率高、人均污染排放低的优势，积极推动“绿色出行”。

第二章

城市公共交通对城市经济社会发展贡献的评价体系构建

第一节　指标体系设计原则

一、科学性原则

科学性原则主要体现在理论和实践相结合，以及所采用的科学方法等方面。设计评价指标体系，首先要有科学的理论作指导，使评价指标体系能够在基本概念和逻辑结构上严谨、合理，抓住评价对象的实质，并具有针对性。同时，评价指标体系是理论与实际相结合的产物，无论采用什么样的定性、定量方法，还是建立什么样的模型，都必须是客观的抽象描述，抓住最重要的、最本质的和最有代表性的东西。对客观实际抽象描述得越清楚、越简练、越符合实际，科学性就越强。

二、系统优化原则

评价对象必须用若干指标进行衡量，这些指标是相互联系和相互制约的。有的指标之间有横向联系，反映不同侧面的相互制约关系；有的指标之间有纵向关系，反映不同层次之间的包含关系。同时，同层次指标之间尽可能的界限分明，避免出现相互有内在联系的若干组、若干层次的指标体系，体现出很强的系统性。

指标数量的多少及其体系的结构形式以系统优化为原则，以较少的指标（数量较少，层次较少）较全面系统地反映评价对象的内容，既要避免指标体系过于庞杂，又要避免单因素选择，追求的是评价指标体系的总体最优或满意。

评价指标体系要统筹兼顾各方面的关系，由于同层次指标之间存在制约关系，在设计指标体系时，应该兼顾到各方面的指标。

设计评价指标体系应采用系统的方法，例如系统分解和层次结构分析法（AHP），由总指标分解成次级指标，再由次级指标分解成次次级指标（通常人们把这 3 个层次称为目标层、准则层和指标层），并组成树状结构的指标体系，使体系的各个要素及其结构都能满足系统优化要求。通过各项指标之间的有机联系方式和合理的数量关系，体现出对上述各种关系的统筹兼顾，达到评价指标体系的整体功能最优，客观、全面地评价系统的输出结果。

三、通用可比原则

通用可比性指的是不同时期以及不同对象间的比较，即纵向比较和横向比较。纵向比较，即同一对象这个时期与另一个时期作对比，要求各项指标、各种参数的内涵和外延保持稳定，用以计算各指标相对值的各个参照值（标准值）不变。横向比较，即不同对象之间的比较，找出共同点，按共同点设计评价指标体系。对于各种具体情况，采取调整权重的办法，综合评价各对象的状况再加以比较。

四、实用性原则

实用性原则指的是实用性、可行性和可操作性。

指标要简化，方法要简便。评价指标体系要繁简适中，计算评价方法简便易行，即评价指标体系不可设计得太烦琐，在能基本保证评价结果的客观性、全面性的条件下，指标体系尽可能简化，减少或去掉一些对评价结果影响甚微的指标。

数据要易于获取。评价指标所需的数据易于采集，无论是定性评价指标还是定量评价指标，其信息来源渠道必须可靠。

整体操作要规范。各项评价指标及其相应的计算方法，各项数据都要标准化、规范化。

要严格控制数据的准确性，实行评价过程中的品质控制，即对数据的准确性和可靠性加以控制。

五、目标导向原则

评价的目的不是单纯评出名次及优劣的程度，更重要的是引导和鼓励被评价对象向正确的方向和目标发展。

第二节　指标体系架构设计

基于指标体系设计的理论依据和设计原则，将城市公共交通对城市经济社会发展贡献的指标体系划分为以下 4 个层次，见表 2-1。

城市公共交通对城市经济社会发展贡献的评价体系　　表 2-1

一级指标	二级指标	三级指标	四级指标
城市公共交通对城市经济社会发展的贡献	公共交通对城市经济发展的贡献	1. 公共交通投资对地区经济增长的贡献	1. 公共交通行业投资占地区生产总值的比重
		2. 公共交通运营对节约社会交通成本的贡献	2. 公共交通行业(模拟市场化)应得利润
		3. 公共交通发展对土地增值的贡献	3. 公共交通投资带动土地价格的涨幅
	公共交通对城市社会发展的贡献	4. 公共交通对分担居民机动出行的贡献	4. 公共交通客运量
			5. 公交出行分担率
			6. 公共交通在机动出行中的占比
		5. 公共交通对节约城市交通占地的贡献	7. 公共交通节约城市交通占地面积
		6. 公共交通对节约交通能耗的贡献	8. 公共交通相对于小汽车交通油耗节约量
		7. 公共交通对节约居民机动出行费用支出的贡献	9. 居民公共交通出行支出节约量
		8. 公共交通对缓解交通拥堵的贡献	10. 公共交通节约城市道路资源
			11. 快速公交节约居民出行时间
		9. 公共交通对促进公平出行的贡献	12. 公交专用车道占有率
			13. 郊区万人拥有公交车标台数
			14. 行政村通公交率
		10. 公共交通对道路交通安全的贡献	15. 公共交通责任事故降低率

续上表

一级指标	二级指标	三级指标	四级指标
城市公共交通对城市经济社会发展的贡献	公共交通对城市环境改善的贡献	11.公共交通对温室气体减排的贡献	16.公交车相对于小汽车出行的二氧化碳减排量
			17.清洁能源公交车相对于柴油公交车的二氧化碳减排量
		12.公共交通对污染物减排的贡献	18.公交车相对于小汽车出行的一氧化碳减排量
			19.清洁能源公交车相对于柴油公交车的一氧化碳减排量
			20.公交车相对于小汽车出行的碳氢化合物减排量
			21.清洁能源公交车相对于柴油公交车的碳氢化合物减排量
			22.公交车相对于小汽车出行的氮氧化合物减排量
			23.清洁能源公交车相对于柴油公交车的氮氧化合物减排量
			24.公交车相对于小汽车出行的颗粒物减排量
			25.清洁能源公交车相对于柴油公交车的颗粒物减排量

一级指标,即研究目标:城市公共交通对城市经济社会发展的贡献。

二级指标,共3个指标。包括公共交通对城市经济发展的贡献,公共交通对城市社会发展的贡献,公共交通对城市环境改善的贡献。

三级指标,共12个指标。

评价公共交通对城市经济发展的贡献,选择了3个指标,分别为:公共交通投资对地区经济增长的贡献、公共交通运营对节约社会交通成本的贡献、公共交通发展对土地增值的贡献。

评价公共交通对城市社会发展的贡献,选择了7个指标,分别为:公共交通对分担居民机动出行、节约城市交通占地、节约交通能耗、节约居民机动出行成本支出、缓解交通拥堵、促进公平出行、道路交通安全等方面的贡献。

评价公共交通对城市环境改善的贡献,选择了2个指标,分别为公共交通对温室气体减排和污染物减排的贡献。

四级指标,共25个指标。

反映公共交通对城市经济发展贡献的指标共有3个,分别为:公共交通行业投资占地区生产总值的比重、公共交通行业（模拟市场化）应得利润、公共交通投资带动城市土地价格的涨幅。

反映公共交通对城市社会发展贡献的指标共有 12 个，分别为：公共交通客运量、公交出行分担率、公共交通在机动出行中的占比、公共交通节约城市交通占地面积、公共交通相对于小汽车交通的油耗节约量、居民公共交通出行支出节约量、节约城市道路资源、快速公交节约居民出行时间、公交专用车道占有率、行政村通公交率、郊区万人拥有公交车标台数、公交责任事故降低率。

反映公共交通对城市环境改善的贡献的指标共有 10 个，分别为：公共交通相对于小汽车交通的二氧化碳减排量、一氧化碳减排量、碳氢化合物减排量、氮氧化合物减排量、颗粒物减排量；清洁能源公交车相对于柴油公交车的二氧化碳减排量、一氧化碳减排量、碳氢化合物减排量、氮氧化合物减排量、颗粒物减排量。

第三节　评价指标含义分析

一、城市公共交通对城市经济发展贡献的指标

公共交通对城市经济发展的贡献主要体现在公共交通投资带动相关行业的增长，公共交通运营节约社会交通出行成本，公共交通发展提升城市土地价值等。因此，公共交通对城市经济发展贡献的评价指标主要包括：公共交通行业投资占地区生产总值（GDP）的比重、公共交通行业（模拟市场化）应得利润、公共交通投资带动土地价格的涨幅。

（一）公共交通投资对地区经济增长的贡献

公共交通投资对地区经济增长的贡献，采用公共交通行业投资占地区生产总值（GDP）中的比重来反映。其计算公式如下：

$$R_{\text{inv}} = \frac{I}{D_{\text{GDP}}} \times 100\% \tag{2-1}$$

式中：R_{inv}——公共交通行业投资占地区生产总值（GDP）的比重，%；

I——公共交通投资额，元；

D_{GDP}——地区生产总值（GDP），元。

(二)公共交通运营对节约社会交通成本的贡献

公共交通的运营对节约社会交通成本的贡献,体现在公共交通行业的运营是公益性的,未能实现利润最大化,而是在政府补贴的条件下实行低票价运营,公共交通行业未能实现的利润实质上是为整个社会节约了出行成本,通过公共交通行业(模拟市场化)应得利润来反映。其计算公式如下:

$$P = C \times R \tag{2-2}$$

式中:P——城市公共交通行业(模拟市场化)应得利润,元;

C——城市公共交通行业的成本费用总额,元;

R——城市所有行业平均的成本费用利润率,%。

(三)公共交通发展对土地增值的贡献

公共交通对城市经济价值的贡献体现在公共交通提升了商业圈、居民区、经济区的价值。一般来说,公共交通发达地区,经济活跃,人口密集,城市经济价值较高。公共交通对城市经济价值的贡献主要表现为土地增值,以公共交通投资带动土地价格的涨幅来表示,公式为:

$$S_t = [(p_t - p_{t-1})/p_{t-1}]/I_t \tag{2-3}$$

式中:S_t——公共交通行业单位投资带动土地价格的涨幅,%;

p_t——第 t 年度单位土地面积购置价格,元;

p_{t-1}——第 $t-1$ 年度单位土地面积购置价格,元;

I——公共交通行业投资,元;

t——年度。

二、城市公共交通对城市社会发展贡献的指标

城市公共交通对城市社会发展的贡献体现在大量分担居民出行、节约交通占地和能耗、减少居民机动出行支出、缓解交通拥堵、促进公平出行、提升交通安全水平等方面。

(一)公共交通对分担居民机动出行的贡献

公共交通作为城市交通体系的重要组成部分,它是社会生产的第一道工序,与城市发展一脉相承。其对分担居民机动出行的比例越大,对社会发展的贡献越多。

1. 公共交通客运量

公共交通客运量是指在一定时期内，公共交通各种运输工具实际运送的乘客数量。它是反映公共交通行业为国民经济和居民出行服务的数量指标，也是制定和检查客运生产计划、研究运营发展规模和速度的重要指标。乘客不论行程远近或票价多少，均按一人一次客运量统计。

2. 公交出行分担率

公交出行分担率反映了公共交通对城市交通和对城市经济社会发展的贡献。影响公交出行分担率的因素很多，外在的因素有城市规模、人口规模、城市布局、城市道路、公共交通政策等；内在的因素有公共交通客运能力、线网布局、站点设置、运营速度、准点率、运营管理系统先进性等所体现的可达性、直达性、便捷性、舒适性和经济性综合形成的吸引力和竞争力。因此，公交出行分担率是衡量城市公共交通发展水平和考核公共交通行业绩效的核心指标。

公交出行分担率的计算公式为：

$$F = \frac{r_g}{r_q} \times 100\% \tag{2-4}$$

式中：F——公交出行分担率，%；

r_g——公共交通出行人次，人次；

r_q——出行总人次，人次。

3. 公共交通出行在机动出行中的占比

在城市的总出行中，可分为两大类：一是非机动出行，如步行、自行车等绿色出行方式；二是机动出行，以各种机动交通工具的出行，其中公共交通是机动出行中的绿色出行方式。各种机动交通工具所能够实现的客运量是不同的，在整个城市交通体系中的作用也是不一样的，鉴于城市公共交通的巨大社会效益及优先发展城市公共交通政策的实施，公共交通所承载的客运量不断增加，在城市交通体系中的作用不断提升。以公共交通在机动出行中的占比来反映其对于绿色出行的贡献。公共交通出行在机动出行中的占比计算公式为：

$$f = \frac{r_g}{r_j} \times 100\% \tag{2-5}$$

式中：f——公共交通出行在机动出行中的占比，%；

r_g——公共交通出行人次,人次;

r_j——机动交通出行总人次,人次。

(二)公共交通对节约城市交通占地的贡献

城市可用土地不断减少,道路和停车设施的建设都将受到制约。随着机动车的不断增多,停车占地、占用道路问题日益突出。与此相比较,公共交通的集约、高效优势,能大量节约对土地和道路的占用。公共交通相对于小汽车交通节约城市交通占地面积的计算公式为:

$$M=(m_s-m_g)\times r\times c \tag{2-6}$$

式中:M——公共交通节约城市交通占地面积,m^2;

m_s——小汽车出行人均占地面积,m^2;

m_g——公交车出行人均占地面积,m^2;

r——每辆公交车平均载客量,人;

c——当年公交车平均数量,辆。

(三)公共交通对节约交通能耗的贡献

能源紧缺是可持续发展面临的挑战之一,目前全世界城市已消费了全球75%的能源。同时由于过度使用石油能源,城市环境污染严重,社会可持续发展面临较大冲击,因而促进节能减排、保护环境、发展绿色经济成为经济社会可持续发展的重要内涵,发展城市公共交通对于节约能耗有积极意义。公共交通对节约交通能耗的贡献是指公共交通与小汽车交通相比较所节约的燃料量。其计算公式为:

$$J=(o_s-o_g)\times r\times l \tag{2-7}$$

式中:J——公共交通相对于小汽车交通的油耗节约量,L;

o_s——小汽车人均百公里油耗,$L/(10^2 km\cdot 人)$;

o_g——公交车人均百公里油耗,$L/(10^2 km\cdot 人)$;

r——每辆公交车平均载客量,人;

l——公交车运营里程,$10^2 km$。

(四)公共交通对节约居民机动出行支出的贡献

发展公共交通有利于降低居民个体机动出行过程中购置小汽车、能源消耗、车辆修理和维护的成本。通过比较居民公交出行支出的费用与小汽车出行的成本,计算公共交通对节约居民机动出行支出的贡献。其计算公式为:

$$P = P_s - P_g \tag{2-8}$$

式中：P——居民公共交通出行支出节约的费用，元；

P_s——居民选择小汽车出行的费用，元；

P_g——居民选择公共交通出行的费用，元。

（五）公共交通对缓解交通拥堵的贡献

公共汽车替代小汽车出行能够减少对道路资源的占用，提高城市道路的畅通度；同时快速公交的运行速度要快于社会车辆运行速度，节约了居民出行时间。因此，可以从这两个方面来反映公共交通对缓解交通拥堵的贡献。

1. 公共交通节约道路资源

发展公共交通有利于缓解城市交通压力，便利城市居民出行，提高城市道路畅通度，进而有利于节约居民出行时间。美国维多利亚交通政策研究院（Victoria Transport Policy Institute）研究表明，一条城市道路行车道每小时通常能够容纳500～1000 辆机动车，一条高速公路行车道每小时能够容纳 1800～2300 辆机动车。交通高峰时期，公交车载客量有望达到 100 人左右，能够替代 40 辆平均载客量为 2.5 人的小汽车，20 辆公交车相当于增加了一条行车道。交通平峰时期，一辆平均载客 50 人的公交车能够替代 20 辆平均载客量为 2.5 人的小汽车，40 辆公交车相当于增加了一条行车道。

公共交通节约道路资源的计算公式为：

（1）高峰时期节省行车道数

$$S_g = N/20 \tag{2-9}$$

式中：S_g——高峰时期公共交通节省的行车道数，条；

N——公交车行驶车辆数，辆。

（2）平峰时期节省行车道数

$$S_p = N/40 \tag{2-10}$$

式中：S_p——平峰时期公共交通节省的行车道数，条；

N——公交车行驶车辆数，辆。

2. 快速公交节约居民出行时间

快速公交（BRT）具有运行速度快、准时等特点，能够节约居民出行时间，其计算公式为：

$$T=(L/g-L/s)\times K \tag{2-11}$$

式中：T——快速公交日均节约乘客出行时间量，h·人；

L——居民平均出行距离，km；

g——快速公交平均运行速度，km/h；

s——社会车辆平均运行速度，km/h；

K——快速公交日均客运量，人次。

（六）公共交通对促进公平出行的贡献

城市道路属于公共基础设施，具有公益性，人人享有公平使用权。公共交通属于公共服务产品，是适用于所有人的出行方式。但是随着小汽车的增多，有限的道路被过多地占用，不利于社会公平使用道路资源。优先发展城市公共交通强调公共交通在道路使用方面的优先权，开辟公交专用车道，有利于城市居民方便、快捷出行，公平使用城市道路资源。同时，为集约利用城市道路资源，允许校车、班车、机场巴士使用公交专用车道。现用公交专用车道占有率、郊区万人拥有公交车标台、行政村通公交率 3 个指标来反映公共交通对于促进公平出行和城乡公交一体化及服务均等化方面的贡献。

1. 公交专用车道占有率

公交专用车道占有率可从两个角度进行计算，一是公交专用车道占城市道路的比重，二是公交专用车道占公共交通线网长度的比重。其计算公式分别为：

（1）公交专用车道占城市道路的比重计算公式为：

$$D_1=\frac{d_g}{d_q}\times 100\% \tag{2-12}$$

式中：D_1——公交专用车道占城市道路的比重，%；

d_g——公交专用车道长度，km；

d_q——城市道路长度，km。

（2）公交专用车道占公共交通线网长度的比重计算公式为：

$$D_2=\frac{d_g}{d_p}\times 100\% \tag{2-13}$$

式中：D_2——公交专用车道占公共交通线网长度的比重，%；

d_g——公交专用车道长度，km；

d_p——城市公交线网长度,km。

2. 郊区万人拥有公交车标台数

郊区万人拥有公交车标台数计算公式为:

$$A_{jq} = \frac{s}{n} \times 10000 \tag{2-14}$$

式中:A_{jq}——郊区万人拥有公交车标台数,标台;

s——郊区公交车配置标台数,标台;

n——郊区总人口数,人。

3. 行政村通公交率

行政村通公交率,反映城乡公共交通一体化和服务均等化水平。其计算公式为:

$$B_1 = \frac{AR_{gj}}{AR} \times 100\% \tag{2-15}$$

式中:B_1——行政村通公交率,%;

AR_{gj}——已开通公交车的行政村数量,个;

AR——行政村总数,个。

(七)公共交通对道路交通安全的贡献

公共汽车由专职驾驶员驾驶,由专业机构经营,与其他机动交通方式相比,城市公共交通更为安全,交通事故率更低,由此造成的死亡率以及财产损失也更低。公共交通责任事故降低率可以反映公共交通对城市交通安全的贡献,其计算公式如下:

$$A = \frac{a_q - a_g}{a_q} \times 100\% \tag{2-16}$$

式中:A——公共交通责任事故降低率,%;

a_g——公共交通责任事故率,%;

a_q——地区道路交通事故率,%。

三、城市公共交通对城市环境改善的贡献指标

科学分析表明,汽车尾气中含有上百种化合物,其中的污染物有固体悬浮微粒、一氧化碳、二氧化碳、碳氢化合物、氮氧化合物、铅及硫氧化合物等。一辆小汽

车一年排出的有害废气比自身重量大3倍,这些污染物严重影响空气环境质量,并直接危害市民身体健康。因此本书从公共交通相对于小汽车出行对温室气体减排的贡献和对污染物减排的贡献两个方面评价公共交通对城市环境改善的贡献。

(一)公共交通对温室气体减排的贡献

公共交通对交通温室气体减排的贡献用两个指标反映,分别是:公交车相对于小汽车出行的二氧化碳减排量和清洁能源公交车相对于柴油公交车的二氧化碳减排量。

1. 公交车相对于小汽车出行的二氧化碳减排量

其计算公式为:

$$G_{cy}=(c_{cy}-g_{cy})\times K\times L \tag{2-17}$$

式中:G_{cy}——公交车相对于小汽车出行的二氧化碳减排量,g;

c_{cy}——小汽车人均百公里二氧化碳排放量,g/(10^2km·人);

g_{cy}——公交车人均百公里二氧化碳排放量,g/(10^2km·人);

K——每辆公交车平均载客量,人;

L——公交车年运营里程,10^2km。

2. 清洁能源公交车相对于柴油公交车的二氧化碳减排量

其计算公式为:

$$G'_{cy}=(c'_{cy}-g'_{cy})\times L' \tag{2-18}$$

式中:G'_{cy}——清洁能源公交车相对于柴油公交车的二氧化碳减排量,g;

c'_{cy}——柴油公交车百公里二氧化碳排放量,g/10^2km;

g'_{cy}——清洁能源公交车百公里二氧化碳排放量,g/10^2km;

L'——清洁能源公交车年运营里程,10^2km。

(二)公共交通对污染物减排的贡献

公共交通对污染物减排的贡献用8个指标反映,分别是:公交车相对于小汽车出行的一氧化碳减排量、清洁能源公交车相对于柴油公交车的一氧化碳减排量、公交车相对于小汽车出行的碳氢化合物减排量、清洁能源公交车相对于柴油公交车的碳氢化合物减排量、公交车相对于小汽车出行的氮氧化合物减排量、清洁能源公交车相对于柴油公交车的氮氧化合物减排量、公交车相对于小汽车出行的颗粒物减排量、清洁能源公交车相对于柴油公交车的颗粒物减排量。

1. 公交车相对于小汽车出行的一氧化碳减排量

其计算公式为：

$$G_{yy} = (c_{yy} - g_{yy}) \times K \times L \tag{2-19}$$

式中：G_{yy}——公交车相对于小汽车出行的一氧化碳减排量，g；

c_{yy}——小汽车人均百公里一氧化碳排放量，g/(10^2km · 人)；

g_{yy}——公交车人均百公里一氧化碳排放量，g/(10^2km · 人)；

K——每辆公交车平均载客量，人；

L——公交车年运营里程，10^2km。

2. 清洁能源公交车相对于柴油公交车的一氧化碳减排量

其计算公式为：

$$G'_{yy} = (c'_{yy} - g'_{yy}) \times L' \tag{2-20}$$

式中：G'_{yy}——清洁能源公交车相对于柴油公交车的一氧化碳减排量，g；

c'_{yy}——柴油公交车百公里一氧化碳排放量，g/10^2km；

g'_{yy}——清洁能源公交车百公里一氧化碳排放量，g/10^2km；

L'——清洁能源公交车年运营里程，10^2km。

3. 公交车相对于小汽车出行的碳氢化合物减排量

其计算公式为：

$$G_{tq} = (c_{tq} - g_{tq}) \times K \times L \tag{2-21}$$

式中：G_{tq}——公交车相对于小汽车出行的碳氢化合物减排量，g；

c_{tq}——小汽车人均百公里碳氢化合物排放量，g/(10^2km · 人)；

g_{tq}——公交车人均百公里碳氢化合物排放量，g/(10^2km · 人)；

K——每辆公交车平均载客量，人；

L——公交车年运营里程，10^2km。

4. 清洁能源公交车相对于柴油公交车的碳氢化合物减排量

其计算公式为：

$$G'_{tq} = (c'_{tq} - g'_{tq}) \times L' \tag{2-22}$$

式中：G'_{tq}——清洁能源公交车相对于柴油公交车的碳氢化合物减排量，g；

c'_{tq}——柴油公交车百公里碳氢化合物排放量，g/10^2km；

g'_{tq}——清洁能源公交车百公里碳氢化合物排放量，$g/10^2 km$；

L'——清洁能源公交车年运营里程，$10^2 km$。

5.公交车相对于小汽车出行的氮氧化合物减排量

其计算公式为：

$$G_{dy} = (c_{dy} - g_{dy}) \times K \times L \tag{2-23}$$

式中：G_{dy}——公交车相对于小汽车出行的氮氧化合物减排量，g；

c_{dy}——小汽车人均百公里氮氧化合物排放量，$g/(10^2 km \cdot 人)$；

g_{dy}——公交车人均百公里氮氧化合物排放量，$g/(10^2 km \cdot 人)$；

K——每辆公交车平均载客量，人；

L——公交车年运营里程，$10^2 km$。

6.清洁能源公交车相对于柴油公交车的氮氧化合物减排量

其计算公式为：

$$G'_{dy} = (c'_{dy} - g'_{dy}) \times L' \tag{2-24}$$

式中：G'_{dy}——清洁能源公交车相对于柴油公交车的氮氧化合物减排量，g；

c'_{dy}——柴油公交车百公里氮氧化合物排放量，$g/10^2 km$；

g'_{dy}——清洁能源公交车百公里氮氧化合物排放量，$g/10^2 km$；

L'——清洁能源公交车年运营里程，$10^2 km$。

7.公交车相对于小汽车出行的颗粒物减排量

其计算公式为：

$$G_{kl} = (c_{kl} - g_{kl}) \times K \times L \tag{2-25}$$

式中：G_{kl}——公交相对于小汽车出行的颗粒物减排量，g；

c_{kl}——小汽车人均百公里颗粒物排放量，$g/(10^2 km \cdot 人)$；

g_{kl}——公交车人均百公里颗粒物排放量，$g/(10^2 km \cdot 人)$；

K——每辆公交车平均载客量，人；

L——公交车年运营里程，$10^2 km$。

8.清洁能源公交车相对于柴油公交车的颗粒物减排量

其计算公式为：

$$G'_{kl} = (c'_{kl} - g'_{kl}) \times L' \tag{2-26}$$

式中：G'_{kl}——清洁能源公交车相对于柴油公交车的颗粒物减排量，g；

c'_{kl}——柴油公交车百公里颗粒物排放量，$g/10^2km$；

g'_{kl}——清洁能源公交车百公里颗粒物排放量，$g/10^2km$；

L'——清洁能源公交车年运营里程，10^2km。

第四节　多指标综合评价方法概述

由于评价城市公共交通在城市经济社会发展中贡献的指标众多而复杂，如果仅从单一指标上对城市公共交通的贡献进行评价不尽合理，因此需要将反映城市公共交通贡献的多项指标的信息加以汇集，得到一个综合指标，从整体上反映城市公共交通在城市经济社会发展中的贡献。这就需要用到多指标综合评价方法。

多指标综合评价方法是利用指数的思想与方法，将所选择的有代表性的若干个指标综合成一个指数，从而对事物发展的状况做出综合的评判。可以说，多指标综合评价方法是指数理论与方法在城市公共交通领域的进一步发展和应用。

一、构建综合评价指数的一般问题

构建多指标综合评价指数需要考虑如下几个方面的问题：

(1)进行理论研究，其中包括统计指标理论以及统计指标体系的理论研究，以便为确定所需的评价指标提供一定的理论依据。

(2)建立科学的评价指标体系。所建立的指标体系是否科学与合理，直接关系到评价结果的科学性和准确性。建立指标体系首先应进行必要的定性研究，对所研究的问题进行深入分析，尽量选择具有一定综合意义的代表性指标；其次，应尽可能运用多元统计的方法进行指标的筛选，以提高指标的客观性。

(3)评价方法的研究，主要包括综合评价指数的构建方法、指标的赋权方法以及各种评价方法的比较等。

综合评价指数是由若干个单项指标综合而成的，其综合方式有简单综合与加权综合两种，目前应用较多的是加权综合。设 n 个指标为 $x_1,x_2,\cdots,x_n$，由于各指标的计量单位可能不同，因此需要对各指标进行转换，以使其具有可比性。设转换后的各指标值为 $z_1,z_2,\cdots,z_n$，对各项指标赋予的权数分别为 $w_1,w_2,\cdots,w_n$，则综合评价指数 I 的一般形式可以写为：

$$I=\frac{\sum_{i=1}^{n}z_iw_i}{\sum_{i=1}^{n}w_i} \tag{2-27}$$

式中：$0\leqslant w_i\leqslant 1,\sum_{i=1}^{n}w_i=1$。

当 $w_1=w_2=w_n$ 时，就是简单综合而成的综合评价指数，此时有：

$$I=\frac{1}{n}\sum_{i=1}^{n}z_i \tag{2-28}$$

从式(2-28)可以看出，构建综合评价指数时，首先要解决好两个问题，一是指标标准化处理；二是权数的构造。

二、指标标准化的方法

在进行综合评价时，指标体系中所包括的各指标往往具有不同的量纲和数量级。当各指标间的水平相差很大时，如果直接用原始指标值进行分析，就会突出数值较高的指标在综合分析中的作用，相对削弱数值水平较低指标的作用。因此，为了保证结果的可靠性，需要对原始指标数据进行标准化处理。

1. 正态标准化

这是一种广泛使用的方法，其公式为：

$$z_i=\frac{x_i-\bar{x}}{s} \tag{2-29}$$

式中：$\bar{x}$——x_i 的均值；

s——标准差。

经过正态标准化后，各变量将有约一半观察值的数值小于0，另一半观察值的数值大于0，变量的平均数为0，标准差为1。经标准化处理的数据都是没有单位的纯数值。对变量进行的正态标准化可以消除量纲(单位)影响和变量自身变异的影响。

2. 极差标准化

转换的公式为：

$$z_i = \frac{x_i - \min(x_i)}{\max(x_i) - \min(x_i)} \tag{2-30}$$

式中：$\min(x_i)$、$\max(x_i)$——分别为指标 x_i 的最小值和最大值。

经过极差标准化后，各种变量的观察值的数值范围都将在{0,1}之间。极差标准化是消除量纲（单位）影响和变异大小因素影响的最简单的方法。有一些关系系数（例如绝对值指数尺度）在定义时就已经要求对数据进行极差标准化，但有些关系系数的计算公式却没有这样的要求，当选用这类关系系数前，应对数据进行标准化，视其分析结果是否为有意义的变化。

3. 定基与环比转换

利用定基转换、环比转换方法进行转换，其公式分别为：

（1）利用定基转换方法进行转换的公式为：

$$z_i = \frac{x_i}{x_0} \times 100\% \tag{2-31}$$

式中：x_0——用于比较的基准值。

（2）利用环比转换方法进行转换的公式为：

$$z_i = \frac{x_i}{x_{i-1}} \times 100\% \tag{2-32}$$

定基转换适合构造比较指数时的指标转换，环比转换适合构造时间序列指数时的指标转换。

三、权数的构造

权数的构造方法有多种，大体上可分为两类：一类是主观构权法，一类是客观构权法。两种方法各有利弊，主观构权法往往没有统一的客观标准，客观构权法可在一定程度上弥补这一不足，在构权时最好将二者结合使用。

1. 主观构权法

主观构权法是研究者根据其主观价值判断来指定各指标权数的一种方法，主要有专家评判法、层次分析法等。专家评判法的基本思路是：首先选择 M 位专家组成一个评判小组，并分别由每位专家独立地给出一套权数，形成一个评判矩阵,最后对每位专家给出的权数进行综合处理,从而得出综合权数。比如采用简单平均的方法进行综合,设评判小组由 M 位专家组成,其中第 i 个专家给 n 个指标赋予的权数分别为 $w_1, w_2, \cdots, w_n$,则综合权数为:

$$w = (\overline{w_1}, \overline{w_2}, \cdots, \overline{w_n}) \tag{2-33}$$

第 j 个指标的权数为:

$$\overline{w_j} = \frac{1}{M}\sum_{i=1}^{M} w_{ij} \qquad (j = 1, 2, \cdots, n) \tag{2-34}$$

层次分析法(AHP)是一种多目标准则的决策方法。层次分析法(AHP)在各元素进行比较排序时,首先要建立系统的递阶层次结构,然后构造两两比较判断矩阵,再由判断矩阵计算被比较元素的相对权重,最后计算各层次对系统目标的合成相对权重,并进行排序。

2. 客观构权法

客观构权法是相对于主观构权法而言的,它是直接根据指标的原始信息,通过统计方法处理后获得权数的一种方法。其中的常用方法主要有主成分分析法、因子分析法、相关法、回归法等。

本书采用将主观构权法和客观构权法结合的方式来确定指标权重,其中的客观构权法采用因子分析法。

1)因子分析概述

因子分析的概念起源于 20 世纪初 Karl Pearson 和 Charles Spearmen 等人关于智力测验的统计分析。目前,因子分析已成功应用于心理学、医学、气象、地质、经济学等领域,并在应用中不断丰富和完善。

因子分析法以最少的信息丢失为前提,将众多的原有变量综合成较少的几个综合指标,名为因子。通常,因子有以下 4 个特点:

(1)因子个数远远少于原有变量的个数。原有变量综合成少数几个因子后,因子将可以替代原有变量参与数据建模,这将大大减少分析过程中的计算工作量。

(2)因子能够反映原有变量的绝大部分信息。因子并不是原有变量的简单取舍,而是原有变量重组后的结果,因此不会造成原有变量信息的大量丢失,并能够代表原有变量的绝大部分信息。

(3)因子之间的线性关系不显著。由原有变量重组出来的因子之间的线性关系较弱,因子参与数据建模能够有效地解决变量多重共线性等给分析应用带来的诸多问题。

(4)因子具有命名解释性。通常,因子分析产生的因子能够通过各种方式最终获得命名解释性。因子的命名解释性有助于对因子分析结果的解释评价,对因子的进一步应用有重要意义。例如,对高校科研情况的因子分析中,如果能够得到两个因子,且其中一个因子是对科研人力投入、经费投入、立项项目等变量的综合,而另一个是对结项项目数量、发表论文数量、获奖成果数量等变量的综合,那么,该因子分析就是较为理想的。因为这两个因子均有命名可解释性,其中一个反映了科研投入方面的情况,可命名为科研投入因子;另一个反映了科研产出方面的情况,可命名为科研产出因子。

总之,因子分析是研究如何以最少的信息丢失将众多原有变量浓缩成少数几个因子,使因子具有一定的命名解释性的多元统计分析方法。

2)因子分析的数学模型和相关概念

因子分析的核心是用较少的互相独立的因子反映原有变量的绝大部分信息,可以将这一思想用数学模型来表示。设原有 p 个变量 $x_1, x_2 \cdots, x_p$,且每个变量(或经标准化处理后)的均值为0,标准差均为1。现将每个原有变量用 $k(k < p)$ 个因子 $f_1, f_2, \cdots, f_k$ 的线性组合来表示,即有:

$$\begin{aligned} x_1 &= a_{11} f_1 + a_{12} f_2 + a_{13} f_3 + \cdots + a_{1k} f_k + \varepsilon_1 \\ x_2 &= a_{21} f_1 + a_{22} f_2 + a_{23} f_3 + \cdots + a_{2k} f_k + \varepsilon_2 \\ &\cdots \\ x_p &= a_{p1} f_1 + a_{p2} f_2 + a_{p3} f_3 + \cdots + a_{pk} f_k + \varepsilon_p \end{aligned} \tag{2-35}$$

式(2-35)便是因子分析的数学模型,也可用矩阵的形式表示为:

$$X = AF + \varepsilon \tag{2-36}$$

式中:F——因子,由于它们出现在每个原有变量的线性表达式中,因此又称为公共因子。

因子可理解为高维空间中互相垂直的 k 个坐标轴;A 称为因子载荷矩阵,$a_{ij}(i=1,2,\cdots,p;j=1,2,\cdots,k)$ 称为因子载荷,是第 i 个原有变量在第 j 个因子上的负荷。如果把变量 x_i 看成 k 维因子空间中的一个向量,则 a_{ij} 表示 x_i 在坐标轴

f_j 上的投影，相当于多元线性回归模型中的标准化回归系数；ε 称为特殊因子，表示了原有变量不能被因子解释的部分，其均值为0，相当于多元线性回归模型中的残差。由式(2-35)可知因子是不可见的。

由因子分析的数学模型可引入以下几个相关概念。理解这些概念不仅有助于理解因子分析的意义，更利于把握因子与原有变量间的关系，明确因子的重要程度以及评价因子分析的效果。这几个相关概念是：

(1)因子载荷：可以证明，在因子不相关的前提下，因子载荷 a_{ij} 值小于等于1，绝对值越接近1，表明因子 f_j 与变量 x_i 的相关性越强。同时，因子载荷 a_{ij} 也反映了因子 f_j 对解释变量 x_i 的重要作用和程度。

(2)变量共同度：即变量方差，变量 x_i 的共同度 h_i^2 的数学定义为：$h_i^2=\sum_{j=1}^{k}a_{ij}^2$。此定义表明，变量 x_i 的共同度是因子载荷矩阵 A 中第 i 行元素的平方和。在变量 x_i 标准化时，由于变量 x_i 的方差可以表示成 $h_i^2+\varepsilon_i^2=1$，因此原有变量 x_i 的方差可由两个部分解释：第一部分为变量共同度 h_i^2，是全部因子对变量 x_i 方差解释说明的比例，体现了因子全体对变量 x_i 的解释贡献程度。变量共同度 h_i^2 越接近1，说明因子全体解释说明了变量 x_i 的较大部分方差，如果用因子全体刻画变量 x_i，则变量 x_i 的信息丢失较少。第二部分为特殊因子 ε_i 的平方，反映了变量 x_i 方差中不能有因子全体解释说明的比例，ε_i^2 越小则说明变量 x_i 的信息丢失越少。总之，变量 x_i 的共同度刻画了因子全体对变量 x_i 信息解释的程度，是评价变量 x_i 信息丢失程度的重要指标。如果大多数原有变量的变量共同度均较高(如高于0.8)，则说明提取的因子能够反映原有变量的大部分(80%以上)信息，仅有较少的信息丢失，因子分析的效果较好。因此，变量共同度是衡量因子分析效果的重要依据。

(3)因子的方差贡献：因子 f_j 的方差贡献的数学定义为 $S_j^2=\sum_{i=1}^{p}a_{ij}^2$，此定义式表明，因子 f_j 的方差贡献是因子载荷阵 A 中第 j 列元素的平方和。因子 f_j 的方差贡献反映了因子 f_j 对原有变量总方差的解释能力。该值越高，说明相应因子的重要性越高。因此，因子的方差贡献是衡量因子重要性的关键指标。

第三章 郑州市公共交通发展现状

城市公共交通工具主要包括公共汽(电)车、地铁和轻轨等。目前郑州市的公共交通工具以公共汽车为主,地铁仍在建设中,尚未投入运营。因而,本书的研究对象为郑州市地面公交系统,包括常规公共汽车和BRT(大运量快速公共汽车)。目前,郑州市地面公交系统,由郑州市公共交通总公司统一运营,因而本书中所指的郑州市公交、郑州市公交行业、郑州市公共交通总公司具有统一性。

第一节 郑州市经济社会发展现状

一、郑州市概况

郑州市为河南省省会,北临万里黄河,西依中岳嵩山,东、南接黄淮海大平原,山水相连,介于东经112°42′~114°14′,北纬34°16′~34°58′。郑州市地处中华腹地,是我国重要的交通运输枢纽,1920—1930年间由于铁路的建设而成为重要内陆商埠。如今郑州市是中国中部地区的特大型大都会和主要经济中心,是中原经济区的中心城市。郑州市全市总面积为7446.2km^2,市区面积为1010.3km^2。郑州市现辖6区5市1县,其中,6区分别为金水区、二七区、中原区、管城区、惠济区、上街区,5市1县分别为巩义市、登封市、荥阳市、新密市、新郑市、中牟县,4个新区分别为高新开发区、郑东新区、经济开发区、郑州市航空港区。

截至2013年年底,郑州市全市总人口为919.1万人,其中城镇人口616.5万人,全市城镇化率达到67.1%，比上年提高0.8%。

二、郑州市经济发展概况

郑州市自然资源丰富，已探明矿藏34种，主要有煤、铝矾土、耐火黏土、水泥灰岩、油石、硫铁矿和石英砂等。耐火黏土品种齐全，储量达1.08亿t，约占全省总储量的50%；铝土储量1亿余t，占全省总储量的30%；天然油石矿质优良，是全国最大的油石基地之一。郑州市盛产小麦、玉米、大豆、水稻等粮食作物和苹果、梨、红枣、葡萄、西瓜等经济林果以及大蒜、金银花和黄河鲤鱼等农副土特产品。中牟县、新郑市、荥阳市是全国重要的粮食基地。

依托郑州市独特的区位优势以及正确的发展规划，近年来郑州市经济呈现较快发展的趋势，经济规模不断增大，2001—2013年间郑州市GDP一直保持了10%以上的增长速度。2013年，郑州市全年完成GDP 6201.9亿元，同比增长10.0%；人均GDP达68070.0元，同比增长7.9%。其中第一产业增加147.0亿元，同比增长3.2%；第二产业增加3470.5亿元，同比增长10.4%；第三产业增加2584.4亿元，同比增长9.6%。郑州市GDP、人均GDP情况分别如图3-1、3-2所示。

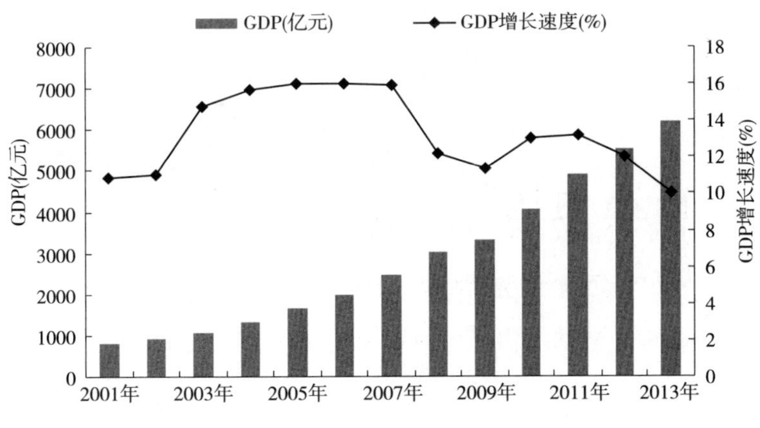

图3-1　郑州市GDP及增长速度趋势情况

注：数据来源于《郑州市国民经济和社会发展的统计公报》(2001—2013)。

郑州市工业化、城镇化进程的加快促进了固定资产投资、工业增加值规模不断扩大，增速不断加快，成为推动郑州市整体经济规模不断攀升的重要因素。2001—2013年，郑州市固定资产总额平均增长速度为25.5%，13年间固定资产投资规模增长了14.2倍。2013年,郑州市全社会固定资产投资达到4509.3亿元,同比增长22.9%。2001—2013年,郑州市工业增加值平均增长速度为20.0%,2013年郑州市工业增加值总规模已达到3101.4亿元,同比增长10.3%。郑州市固定资产投资和工业增长情况如图3-3所示。

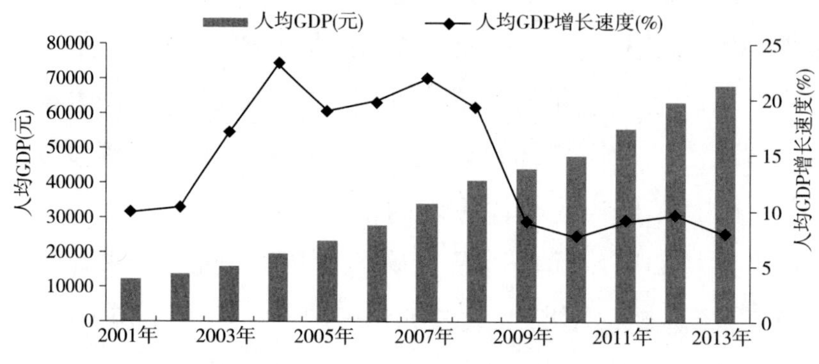

图3-2　郑州市人均GDP及增长速度趋势情况

注:数据来源于《郑州市国民经济和社会发展的统计公报》(2001—2013)。

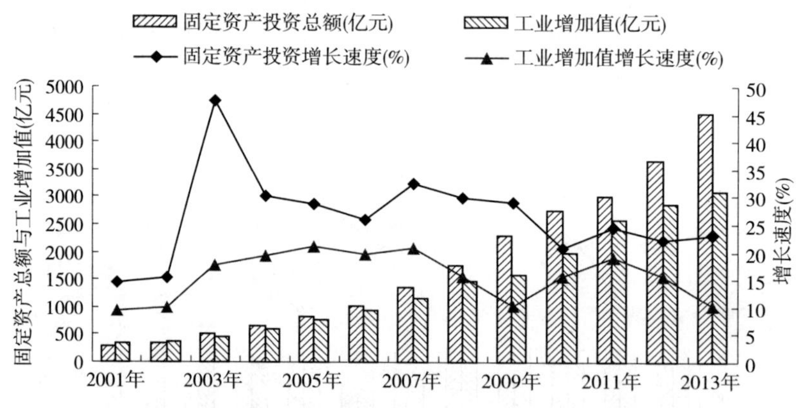

图3-3　郑州市固定资产投资和工业增长情况

注:数据来源于《郑州市国民经济和社会发展的统计公报》(2001—2013)。

随着郑州市市经济的较快增长,居民收入水平不断提高,生活质量逐步得到改善。从居民收入状况看,城镇居民收入水平高于农村居民,但近年来农村居民收入增长速度要快于城镇居民收入增长速度,有利于缩小城乡收入差距。如图3-4所示,2013年,郑州市城镇居民人均可支配收入为26615元,扣除价格因素,同比实际增长6.8%;农村居民人均纯收入为14009元,同比实际增长9.5%。

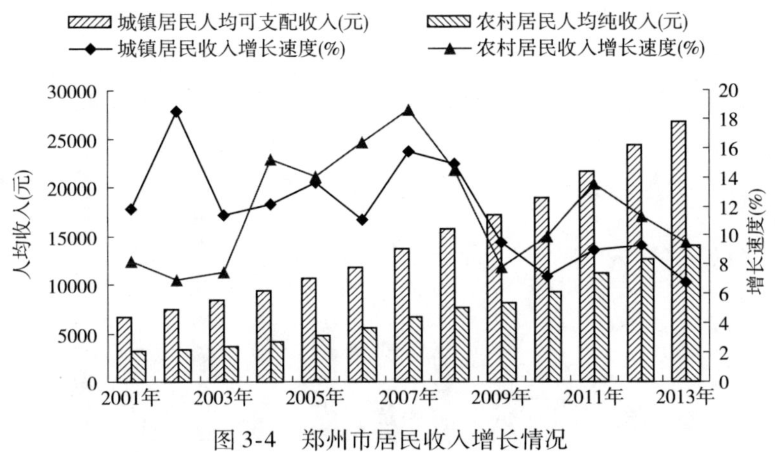

图 3-4　郑州市居民收入增长情况

注:数据来源于《郑州市国民经济和社会发展的统计公报》(2001—2013)。

三、郑州市交通基础设施发展概况

截至 2013 年年底,郑州市实有铺装道路长度为 1495km,实有铺装道路面积为 3765 万 m^2,人均拥有道路面积为 6.3m^2,每万人拥有公共交通车辆为 15.6 标台。郑州市城市道路情况如图 3-5 所示。

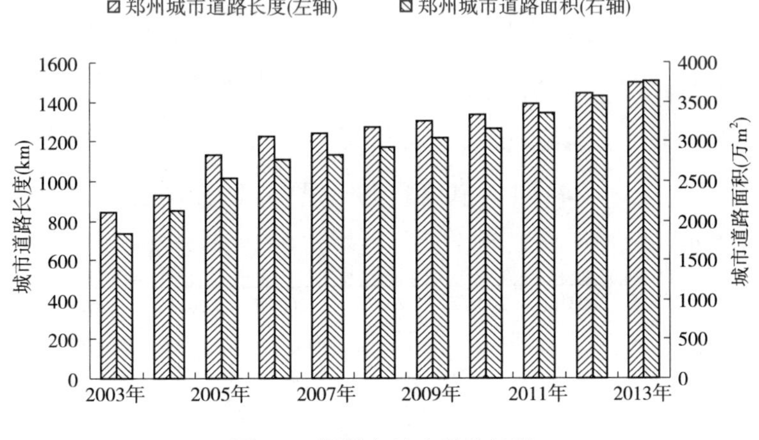

图 3-5　郑州市城市道路情况

注:数据来源于《郑州市统计年鉴》(2003—2013)。

随着城市规模的不断扩大,郑州市机动车保有量大幅度增长,其中小汽车拥有量在 2008 年开始出现"井喷式"增长,2008—2013 年间,城镇居民家庭每百户小汽车拥有量分别从 6.32 辆增加到 20.50 辆,而在 2000 年,百户家庭小汽车拥有量仅为 1.15 辆。2003—2013 年郑州市小汽车拥有量情况如图 3-6 所示。

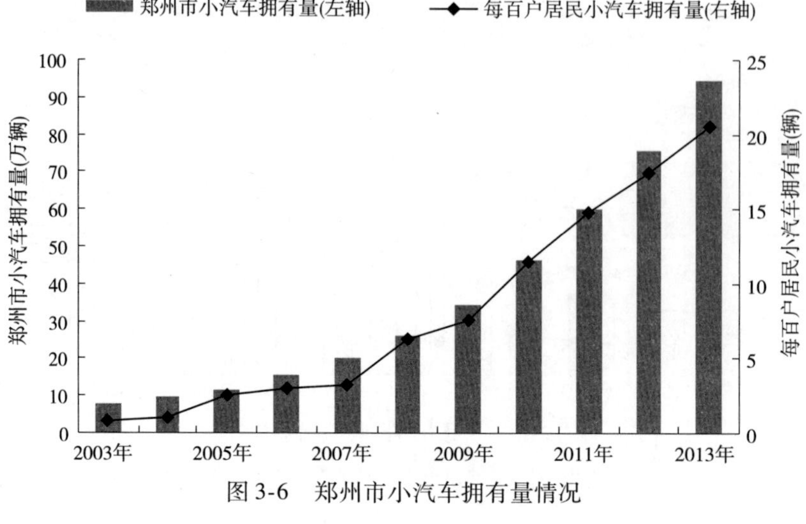

图 3-6　郑州市小汽车拥有量情况

注:数据来源于《郑州市统计年鉴》(2003—2013)。

第二节　郑州市公共交通行业发展现状

近 10 多年来,郑州市公共交通行业在运营规模、服务水平、结构优化和改革创新方面都有显著进步,主要体现在以下 3 个方面:

(1)在政府主导和大力支持下,郑州市公共交通行业规模不断扩大。郑州市公交车数量、公交运营线路网长度和运营里程都呈现逐年增长态势,公共交通服务供给能力得到较大提高。2013 年郑州市公交车数量达到 5745 辆,比 2001 年和 2010 年分别增长了 241.4% 和 20.0%(图 3-7);2013 年郑州市万人拥有公

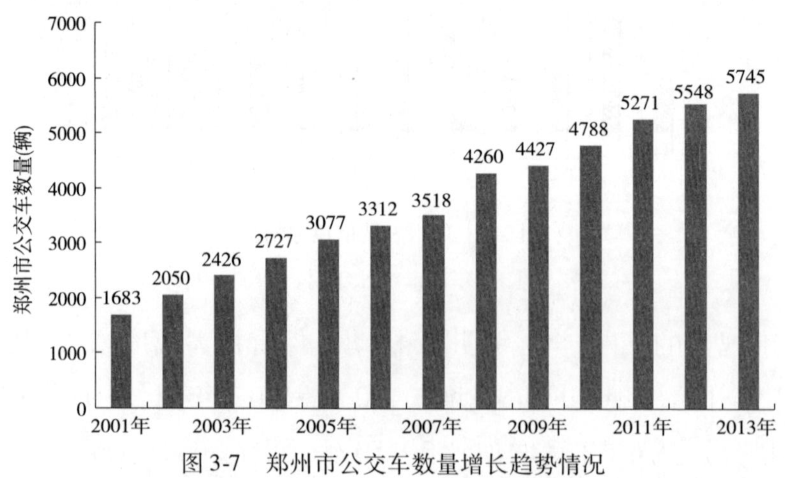

图 3-7　郑州市公交车数量增长趋势情况

注:数据来源于《郑州市统计年鉴》(2002—2012)、《郑州市国民经济与社会发展统计公报》(2001—2013)。

交车数量为 15.6 标台,比 2001 年的 6.5 标台和 2010 年的 15.5 标台分别增长 140.0% 和 0.8%(图 3-8)。运营线路网长度和运营里程也均有显著增长,2013 年,运营线路网长度达到 1263.1km,比 2001 年增长了 169.3%;2013 年,郑州市公交运营里程为 28347 万 km,比 2001 年和 2010 年分别增长了 302.9% 和 16.7%(图 3-9)。公共交通服务供给能力方面也有大幅度的提升,为满足市民便捷出行的需求,推进城市经济社会快速发展做出了重要贡献。

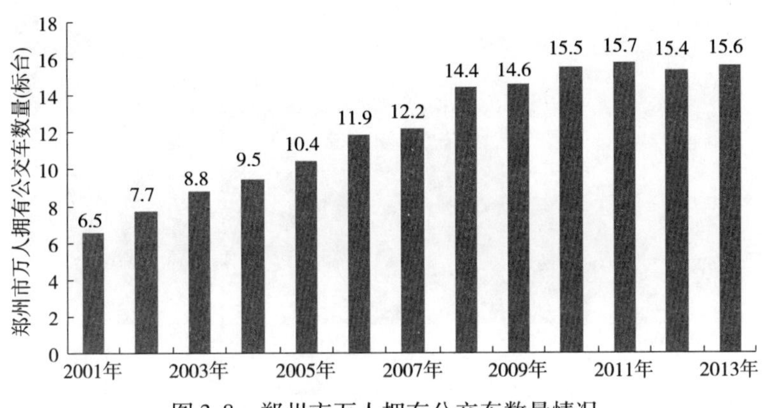

图 3-8 郑州市万人拥有公交车数量情况

注:数据来源于《郑州市统计年鉴》(2001—2013)。

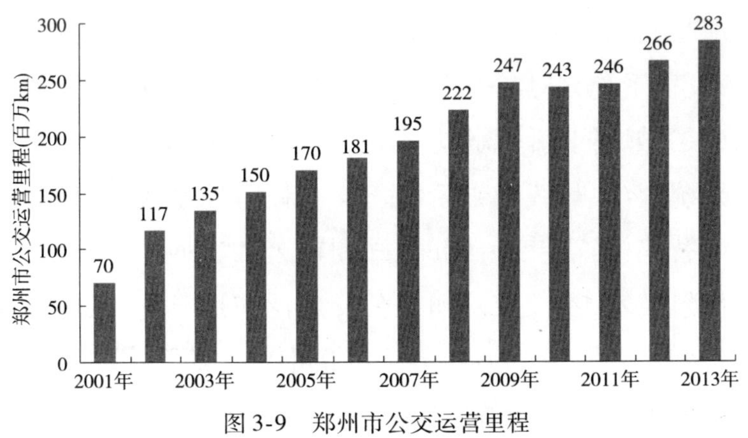

图 3-9 郑州市公交运营里程

注:数据来源于郑州市公共交通总公司。

(2)郑州市公交行业加强经营结构调整,不断提升市民公交出行的比率。郑州市加强了公交运营线路的调整,扩大公交线网覆盖面;加大使用运载量大、乘车环境舒适的空调车,优化公交车辆档次结构;开通快速公交线路,提升服务水平。在结构不断优化的作用下,居民对公交出行的满意度不断提升,客运量不断增长。2009 年郑州市首次开通城市快速公交线路，到 2013 年，郑州市快速公交线网总长度已超过 200km，日均客流量达到 40 余万人次，形成“一主十四支”的线网结构，并配置运营车辆 484 辆。受此带动，公交出行分担率稳步上升，客运量也随之较快攀升。2013 年郑州市公交全年客运总量达到 10.3 亿人次，比 2001 年和 2010 年分别增长了 259.4% 和 25.0%（图 3-10）。

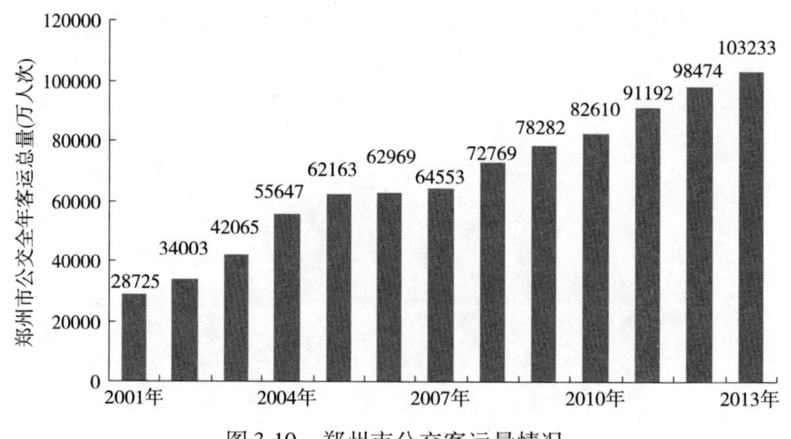

图 3-10　郑州市公交客运量情况

注：数据来源于《郑州市统计年鉴》（2002—2012）和郑州市公共交通总公司。

（3）郑州市公交行业现代化发展水平显著提高，已向“智能公交”和“绿色公交”大步迈进。一方面，郑州市公交数字化、信息化程度不断提高。2001 年建成公交 IC 卡电子收费系统，开启了郑州市公交数字化建设的新篇章。2003 年公共交通总公司组建了城域网，并以此为依托，实施了公交 ERP 综合信息管理系统、GPS 智能调度系统、客服热线导乘系统、3G 视频监控系统等，使公交运营从传统管理模式向数字智能模式转变。同时，郑州市公共交通总公司吸引人才，自主创新研发的智能信息技术，不仅在郑州市公交广泛应用，还为其他城市建设智能公交提供技术支持和产品服务。另一方面，郑州市公交开始加大新能源车辆的使用，已开展“中原绿色客运新干线”工程，支持客运车辆“低碳化”改造。

第三节　郑州市公共交通总公司概况

郑州市公共交通总公司，始建于 1954 年，是具有社会公益特点的服务性生产企业，属国有大型企业，是郑州市城市客运交通的主体力量。总公司下设 6 个运营分公司、2 个修理公司以及物业公司、结算中心、培训中心、职工医院 4 个生产辅助单位。到 2013 年年底，郑州市公共交通总公司拥有职工 12555 人，年运营里程 28346.51 万 km，年客运量 103233.2 万人次，资产总计 46.5 亿元，年主营业务收入 7.1 亿元。

多年来，在郑州市市委、市政府的正确领导和大力支持下，郑州市公共交通总公司坚持“立道致远，行公为民”的企业核心价值观，以改革发展为主线，创新管理、创优服务，实现了跨越式的发展，成为具有较强行业影响力的知名企业。

2004 年，公司成为在全国公共交通行业中首个荣获由国家质量协会等颁发的“中国用户满意鼎”；2005 年，全国优先发展城市公共交通战略研讨会暨公交场站建设经验交流会在郑州市召开，会议发表主题为“公交优先在中国，让我们做得更好”的《郑州宣言》，现已成为城市公共交通行业的行动纲领；2006 年，郑州市被建设部评为全国十一个优先发展城市公共交通示范城市之一；2008 年，全国公共交通践行《郑州宣言》三年行动总结大会在郑州市召开；2009 年 3 月 1 日，《郑州市城市公共交通条例》正式颁布施行，为郑州市优先发展城市公共交通提供了法规保障；2009 年 5 月 28 日，郑州市首期快速公交线网开通运营连创 4 个国内之最：一是最先在市区二环线开通 BRT 线网，二是单程线路最长，三是一次性成网规模最大，四是建设周期最短。创新的 BRT 模式现已成为城市公共交通发展的典范之一，更是郑州市一道美丽的风景线和城市改革发展的一个缩影。2011 年，快速公交线（一主十一支）日均客流量达到 40 余万人次，进一步方便了广大市民的出行，赢得了社会各界的普遍赞誉。郑州市公共交通总公司先后荣获“全国管理创新示范单位”、“中国服务业企业 500 强”、“中国城市公交科技创新优秀企业”、“全国城市公共交通文明企业”、“全国工人先锋号”、“河南省改革开放 30 年卓越贡献国有企业”、“河南省文明单位”、“河南省先进基层党组织”、“改革开放三十年郑州市功勋企业”等百余项荣誉。

郑州市公交坚持突出站位全局，突出公交为民，突出服务创新，紧紧围绕方便百姓出行、缓解城市交通拥堵这一中心任务，以实干为民的精神助力建设“畅通郑州市”，打造全国公交服务最优城市，积极创建市民满意的公交企业，为构建现代公交服务业创立了新的发展模式。

第四节　郑州市经济社会"十二五"规划蓝图

"十二五"时期,是我国全面建成小康社会的关键时期,是深化改革开放、加快转变经济发展方式的攻坚时期,也是可以大有作为的重要战略机遇期。郑州市也将在"十二五"时期继续实现跨越式发展。根据《郑州市国民经济和社会第十二个五年规划纲要》,其主要发展目标为:

(1)经济发展方面,到2015年实现全市地区生产总值达到8100亿元左右,年均增长13%;全市总人口910万人,人均生产总值达到9万元;固定资产投资达到7000亿元,年均增长20%;财政总收入达到1185亿元,年均增长13%;市属及以下进出口总额达到138亿美元左右,年均增长25%;规模以上工业增加值达到4000亿元,年均增长16%。

(2)转型升级和自主创新方面,到2015年要实现第三产业增加值比重达到41%以上;城镇化率提高到70%;研究及开发经费占生产总值比重提高到2.5%,发明专利拥有量达到6件/万人。

(3)生态建设和环境保护方面,到2015年,耕地保有量保持在326千hm^2;"十二五"期间,万元生产总值二氧化碳排放量五年累计下降16%,二氧化硫排放量五年累计下降9%,空气质量优良保持在320天以上。

(4)社会发展和改善民生方面,到2015年,全市总人口预计达到910万人左右;"十二五"期间累计城镇净增就业人数65万人;到2015年,农民人均纯收入达到14800元左右,年均增长10%左右;城镇居民人均可支配收入达到30400元,年均增长10%左右。郑州市"十二五"期间主要发展目标具体见表3-1。

郑州市"十二五"期间主要发展目标　　表3-1

指标名称		单位	2010年	2015年目标	年均增长(%)	指标属性
1	地区生产总值	亿元	4000	8100	13	预期性
2	人均生产总值	元	49000	90000		预期性
3	全社会固定资产投资	亿元	2757	7000	20	预期性
4	财政总收入 其中:地方财政一般预算收入	亿元	643 387	1185 710	13	预期性

续上表

指标名称			单位	2010年	2015年目标	年均增长（%）	指标属性
5	外贸进出口总额		亿美元	45.2	138	25	预期性
6	实际利用外商投资		亿美元	19 累计 65	50 累计 180	20	预期性
7	规模以上工业增加值		亿元	1756	4000	16	预期性
8	服务业增加值比重		%	40.2	41以上		预期性
9	城镇化率		%	66.4	70		预期性
10	研究与开发经费支出占生产总值比重		%	1.38	2.5		预期性
11	每万人发明专利拥有量		件/万人	5.1	6		预期性
12	耕地保有量		万 hm^2	326	326		约束性
13	万元工业增加值用水量		m^3	28	21.56	累计-23	约束性
14	农业灌溉用水有效利用系数			0.57	0.62		预期性
15	非化石能源占一次能源消费比重		%	—	—		约束性
16	万元生产总值能耗(2005年价)		t标准煤	1.075	—	—	约束性
17	万元生产总值二氧化碳排放量(2005年价)		t	—	—	累计-16	约束性
18	主要污染物排放减少	化学需氧量	万t	5.21	—	累计-6	约束性
		二氧化硫	万t	14.4	—	累计-9	
		氨氮		—	—	累计-8	
		氮氧化合物		—	—	累计-12	
19	森林增长	森林覆盖率	%	25.68	—		约束性
		森林蓄积量	万 m^3	1412.75	—		
20	空气质量优良天数		天	310	320		预期性
21	全市总人口		万人	863	910		约束性
22	城镇登记失业率		%	3	4		预期性
23	五年城镇净增就业人数		万人	63.8	65		预期性
24	城镇参加基本养老保险人数		万人	152	200		约束性
25	城乡三项医疗保险参保率		%	97	98		约束性
26	城镇保障性安居工程建设套数		万套	3.77	20		约束性
27	农民人均纯收入		元	9225	14800	10左右	预期性
28	城镇居民人均可支配收入		元	18897	30400	10左右	预期性
29	九年义务教育巩固率		%	—	98		约束性
30	高等教育毛入学率		%	70	80		预期性

注：数据来源于《郑州市国民经济和社会发展第十二个五年规划纲要》。

第五节　郑州市公共交通“十二五”发展蓝图

2012年,郑州市人民政府办公厅印发《郑州市人民政府关于印发郑州市“十二五”交通运输发展规划的通知》(郑政〔2011〕113号),公布了郑州市交通运输发展的未来蓝图。规划的发布有利于强力推进郑州市交通运输事业快速发展,对加快建设郑州市都市区、打造中原经济区核心增长区,提供强有力的交通运输保障。

规划要求,到“十二五”期末,郑州市公共交通分担率将达到45%以上,其中地面公交出行分担率年均增长6%,达到33%;地铁运营里程达到44.5km,实现零的突破;公交车辆拥有量达到8400标台,年均增长9%;BRT走廊总里程达到158km,年均增长38%;公共交通客运总量达到12.5亿人次,年均增长9%。

规划指出,确立公共交通在城市客运交通中的主体地位,以建设国家“公交都市”示范城市为目标,构建以城市轨道交通和快速公交系统为骨干,常规公交为主体、出租车为补充、慢行交通为延伸,功能层次完善的、高效率的城市公共交通系统,推动“以公共交通引领城市发展”的战略导向,实现交通与城市扩张、经济发展、市民生活的和谐共生。贯彻郑州市都市区建设坚持组团发展、产城互动、复合型和生态型的发展理念,以快速便捷的公共交通为纽带,推动组团与中心城区一体化发展,加快推进全域城镇化建设。到“十二五”末,万人拥有公交车辆达到20标台。增加公交专用车道,建立公共交通优先信号系统,公共汽车平均运营速度达到20km/h以上。城市公共交通线路覆盖全市行政区,按300m半径计算,建成区站点覆盖率大于90%。中心城区居民出行500m之内能乘上公共汽车。郑州市公共交通“十二五”发展蓝图具体包括以下7个方面:

(1)轨道交通实现零的突破。积极推进轨道交通1、2号线一期工程建设,2013年开通首条地铁线路,“十二五”时期初步构成轨道交通线网“十”字型基本骨架;保障轨道交通1号线二期、2号线二期、5号线顺利开工建设;大力推进线路运营“服务城市”战略,建立轨道交通运营的服务质量、运营效率、安全管理和市场营销四大体系,初步形成以“人文地铁、效率地铁、平安地铁”为核心的郑州市轨道交通运营服务品牌。

（2）着重建设快速公交系统。规划建设 9 条 BRT 快速公交走廊，较“十一五”期新增 126.8km。“十二五”期末，快速公交走廊总长度达到 158.6km，运营速度达到 22km/h，线网延伸至中心城区周边的重要组团，逐步搭建连接团—城之间的快速公交系统。BRT 走廊：

①科学大道—北三环—中州大道，15.3km；

②农业路西延至郑州市大学，10km；

③航海路（未来大道—海马汽车），9.7km；

④农业路东延至民航花园，3.8km；

⑤民航花园—商鼎路—高铁客运枢纽—博学路，10.57km；

⑥陇海路—平安路（至经开第八大街），16.75km；

⑦经开第八大街（航海东路—高铁客运枢纽），3.6km；

⑧文化路（北三环至金水路混行）—二七路（混行）—正兴街（混行）—京广路，23.78km；

⑨中州大道—东三环—南三环—秦岭路—电厂路，33.34km。

（3）加大公交场站建设力度，强化公交场站用地的储备和落实机制。将公交设施用地作为城市空间规划的重要内容，严格保证其用地的规模和空间位置。“十二五”期间，基本建立起公交用地的储备机制，严格按照国家有关规范标准，保证规划用地落到实处。至 2015 年，新增公交场站建设用地面积 116.7 万 m^2，确保公共汽车进场率达到 80% 以上，实现公路客运、轨道与公交的“零距离换乘”衔接，外围公交线网与中心城区公交线网合理接驳。

①综合换乘枢纽站：建设与三大综合交通枢纽（郑州市站、新郑州市站、郑州市新郑国际机场）、六个公路客运站（东南站、西南站、西站、西北站、南站、北站）配套的公交车、出租车、非机动车场站设施；建设与轨道交通车站配套的公交车、出租车、非机动车场站设施，建成 15 处与轨道交通“零距离换乘”枢纽站（换乘距离控制在 50m 以内）。

②公交换乘枢纽站：至 2012 年，将医学院、紫荆山、火车站西出站口作为试点，建设公交换乘枢纽；至 2015 年，在南阳路、丰庆路、花园路、农业路、郑汴路、大学路、京广路、嵩山路、中原路、冉屯路、科学大道、中州大道等三环桥下合理设置公交换乘枢纽站。

③快速公交场站：首末站5处，分别为惠济区场站、龙湖北区场站、果园路场站、寒山路场站、东大学城场站；停车场1处，朱屯东路场站；保养场1处，晨星路场站；综合车场1处，航海西路场站。

④常规公交场站：公交首末站27处，公交枢纽站23处，公交综合车场9处。

（4）构建“快速公交线网＋骨干公交线网＋支线网”的公交线网框架。结合郑州市重要的城市交通基础设施建设进度，按照“一环减负、二环组网、三环搭桥、四环覆盖”的发展思路，对公交线网进行整体规划和优化，构建“快速公交线网＋骨干公交线网＋支线网”的公交线网框架。到2015年，常规公交线路达到300条以上，城市建成区公交站点300m覆盖率达到90%以上，实现主城区“500m上车、5min换乘”的目标。在主干道路上建设骨干公交线网，降低线路网重复系数，提高运营能力，既满足市民出行需求，又缓解交通压力；以换乘枢纽站为中心建设公交接驳、换乘线网，搭建阶梯状的换乘公交线网；根据出行需求特点，推行公交定制服务，切实保证乘客集中出行需求。公交线网：在6车道以上及有条件的主干道上辟建城市公共交通专用道和港湾式停靠站，公共汽（电）车专用道里程达到100km（不包括快速公交走廊长度）；主干道路上的骨干线路采取“大站快线、普快结合”的运营模式，使用13m以上的大容量公交车辆；加强三环与四环之间的组网力度，增加郑东新区、经济开发区及高新产业区公交线网密度，根据新火车东站和火车站西出站口的建设使用情况适时调整公交线网。

（5）增加公交车辆投入。结合快速公交走廊建设，配置18m快速主线车辆330辆，配置12m快速公交支线车辆250辆；每年新增投放公交运力500～600标台，在改善中心城区公交服务能力的同时，重点满足新发展区域公交服务同步配套的需求。

（6）提高出租车运营服务水平，规范出租车行业管理。规范出租车经营权管理，完善市场准入制度，加强市场监管，规范经营行为，维护出租汽车市场秩序；积极探索建立出租汽车内部利益合理分配机制，建立出租汽车行业稳定、规范、健康发展的长效机制；加强出租车行业从业人员培训工作，落实年度培训计划。加快出租车服务设施建设。增加出租车加气站站点布设，缓解出租汽车加气难问题；在商业繁华地区、对外交通枢纽和人流活动频繁的集散地附近设置出租车候客点,在主干道及商场等客流拥挤的地方设置出租车专用港湾,提高出租车服务水平。

(7)发展公共慢行交通。构建系统、舒适的公共慢行交通网络,打造以人为本的交通空间。结合轨道交通和快速公交走廊建设,建设"便民自行车公共服务系统",完善周边各类慢行交通设施,提高站点可达性。

第四章

郑州市公共交通
对郑州市城市经济发展的贡献

城市是人口密集、工商业发达的地方，通常是周围地区政治、经济、文化的中心。城市的发展离不开城市公共交通的保障，城市公共交通的发展也会促进城市经济增长。郑州市包括6区5市1县，鉴于城市公共交通主要集中在郑州市金水区、二七区、中原区、管城区、惠济区、上街区6个区之内，郑州市公共交通对城市经济发展的贡献，则限定于对这6个区域之内经济发展的贡献做出评价。

第一节　郑州市公共交通投资对地区经济增长的贡献

投资是指货币转化为资本的过程，可分为实物投资、资本投资和证券投资。本书中城市公共交通投资对地区经济增长的贡献，仅指实物投资，即固定资产投资，是指建造和购置固定资产的经济活动，包括固定资产更新、改建、扩建、新建等活动。

一、郑州市公共交通投资概况

为了让公共交通成为市民安全、舒适、快捷出行的选择，郑州市公共交通不断追加公交车辆的投入，提升公交系统的运营能力；与此同时，随着城市人口的增长，城区面积的扩大，郑州市加快了快速公交系统的建设步伐。

2005年之前，郑州市公共交通的投资主要集中在车辆购置方面，仅2005年，郑州市公共交通全年投资额为2.2亿元，其中1亿多元用于更新350辆车辆，购置单价50万~60万元的空调车100辆,单价26万左右的普通车型200多辆。

2006年,郑州市快速公交系统(BRT)进入立项规划阶段,并列入“十一五”发展规划。2008年,由政府财政全额投资6亿元修建郑州市第一条快速公交线路,全长30km,配置18m专用公交车辆65辆、12m长的支线车辆105辆,2009年投入使用。

整个“十一五”时期,郑州市公共交通总投资将近19.2亿元,其中2009年投资建设的BRT,总投资额达到了8.6亿元,见表4-1。

郑州市公共交通投资额及占郑州市区GDP比重 表4-1

指标 年份	郑州市公共交通投资（亿元）	郑州市区GDP（亿元）	郑州市公共交通投资额占郑州市区GDP比重(%)
2003年	4.3	525.0	0.8
2004年	1.0	612.4	0.2
2005年	2.2	699.8	0.3
2006年	1.2	824.5	0.1
2007年	1.3	949.0	0.1
2008年	2.8	1117.8	0.3
2009年	8.6	1291.9	0.7
2010年	5.2	1476.1	0.4
2011年	8.4	1628.3	0.5
2012年	14.1	1808.0	0.8
2013年	12.0	2205.9	0.5
“十一五”时期合计	19.2	5659.3	0.3
“十二五”前三年合计	34.5	5642.2	0.6

注:数据来源于《郑州市统计年鉴》、郑州市公共交通总公司。

进入“十二五”时期,郑州市公共交通加快了地面公交方面的投资力度,尤其是在新能源公交车购置、场站建设等方面。“十二五”期的前三年,郑州市公共交通投资累计达34.5亿元,比“十一五”时期高出15.3亿元。公共交通投资的快速增长有效缓解了郑州地区公共交通发展滞后的状况,提升了公共交通服务能力和发展水平。

郑州市公共交通投资的增长不仅改善了郑州市公共交通的供给能力,提升了公共交通硬件设施水平,而且对地区经济增长有着重要贡献。“十二五”时期以来,郑州市公共交通投资规模逐步扩大,对经济增长的贡献也明显高于"十一五"时期,如图4-1、4-2所示。"十二五"期的前三年,郑州市公共交通投资占郑州市区GDP比重达0.6%,比"十一五"时期高出0.3%。

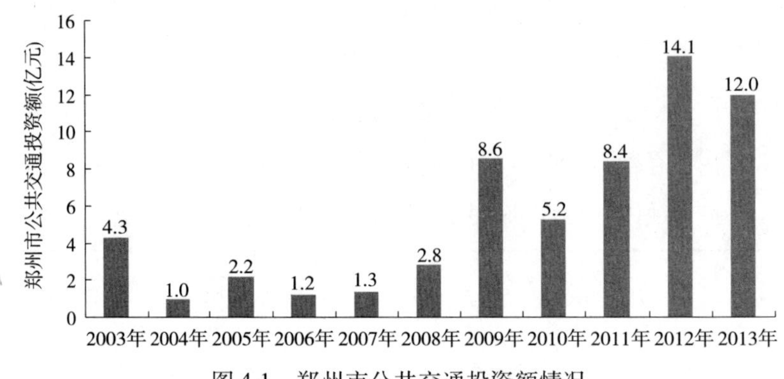

图4-1　郑州市公共交通投资额情况

注:数据来源于《郑州市统计年鉴》、郑州市公共交通总公司。

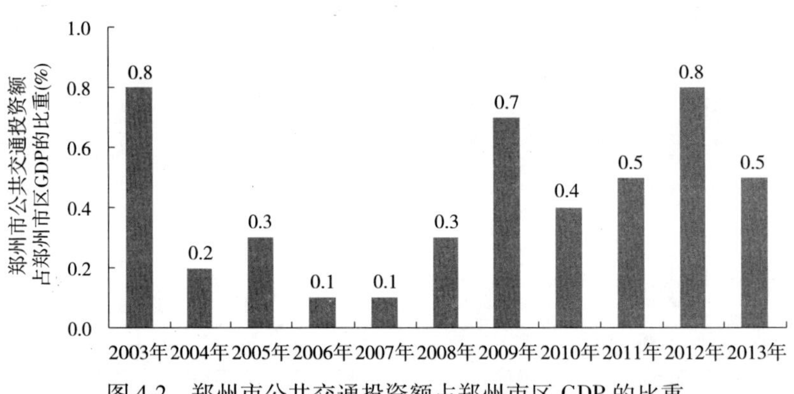

图4-2　郑州市公共交通投资额占郑州市区GDP的比重

注:数据来源于《郑州市统计年鉴》、郑州市公共交通总公司。

二、郑州市公共交通投资对地区经济增长的贡献

投资、消费和净出口是拉动经济增长的"三驾马车",投资是基础,不仅直接增加了市场需求,而且通过乘数效应撬动更大的市场需求。

公共交通投资包括购置车辆、场站建设、快速公交建设、信息化智能化建设及地铁建设等。本书研究的投资均不包含地铁投资。通过投入产出可测算出1亿元的车辆购置投资可产生3.96倍的产出,1亿元的场站建设投资可产生3.48倍的产出,1亿元的信息化建设可产生3.1倍的产出,相应可分别提供

5500、6000、5800 个工作岗位，同时可分别增加 7524、6612、5890 万元的税收。

各行业的投资乘数计算公式如下：

$$m(v)_t = \sum_{i=1}^{n} \tilde{b}_{it} \tag{4-1}$$

式中：$m(v)_t$——t 行业的投资乘数；

$\tilde{b}$——t 行业的完全需求系数，来自投入产出分析的里昂惕夫逆矩阵（下同）。

各行业投资的就业乘数计算公式如下：

$$m(l)_t = \sum_{i=1}^{n} a_{li} \tilde{b}_{it} \tag{4-2}$$

式中：$m(l)_t$——t 行业投资的就业乘数；

a_{ti}——第 i 部门的直接就业系数；

$\tilde{b}_{it}$——t 行业的完全需要系数。

各行业投资的税收乘数计算公式如下：

$$m(t)_t = \sum_{i=1}^{n} a_{ti} \tilde{b}_{it} \tag{4-3}$$

式中：$m(t)_t$——t 行业投资的税收乘数；

a_{ti}——第 i 部门的直接税收系数；

$\tilde{b}_{it}$——t 行业的完全需求系数。

根据郑州市公共交通行业的历年投资状况，可计算出公共交通行业历年所带来的经济效益，计算结果见表 4-2。

郑州市城市公共交通投资带动经济增长及就业情况 表 4-2

指标 年份	郑州市公共交通投资（亿元）	增加 GDP（亿元）	增加税收收入（万元）	新增就业岗位（个）
2003 年	4.3	17.1	30787.6	23729
2004 年	1.0	4.0	7128.9	5495
2005 年	2.2	8.7	15642.1	12056
2006 年	1.2	4.7	8544.6	6586
2007 年	1.3	5.3	9555.1	7365
2008 年	2.8	10.4	19980.8	16100
2009 年	8.6	32.0	61348.9	49433

续上表

指标 年份	郑州市公共交通投资（亿元）	增加 GDP（亿元）	增加税收收入（万元）	新增就业岗位（个）
2010 年	5.2	19.5	37453.3	30179
2011 年	8.4	31.4	60175.0	48487
2012 年	14.1	52.4	100483.4	80967
2013 年	12.0	44.6	85591.3	68967
“十一五”时期合计	19.2	72.0	136882.8	109662
“十二五”前三年合计	34.5	128.4	246249.8	198421.6

注：数据来源于《郑州市统计年鉴》、郑州市公共交通总公司。

“十一五”期间，郑州市公共交通共投资 19.2 亿元，最终带来约 72 亿元的 GDP，相应增加约 11 万个就业岗位，实现税收 13.7 亿元。

“十二五”期的前三年，郑州市公共交通共投资 34.5 亿元，最终带来约 128.4 亿元的 GDP，相应增加 19.8 万个就业岗位，增加税收 24.6 亿元。其中，2013 年，郑州市公共交通共投资 12.0 亿元，最终带来约 44.6 亿元的 GDP，相应增加约 6.9 万个就业岗位，增加税收 8.6 亿元。

第二节　郑州市公共交通运营对节约社会交通成本的贡献

公共交通具有社会公益性，其票价由政府制定，其经营收入很难弥补生产成本，往往需要得到政府的大量补贴。公共交通行业的这种特点，导致其生产经营活动很难达到社会的平均利润水平，这也意味着，公共交通行业的公益性为全社会节约了交通成本。若公共交通行业实行市场化，企业为实现合理的利润，大幅提升票价，全社会就要为交通出行支付更多的费用。

合理评估公共交通运营对降低社会交通成本的贡献，需要对公共交通行业的市场化利润进行评估。根据郑州市各行业平均的利润率来对郑州市公共交通行业的市场化利润进行评估。计算公式如下：

$$P = C \times R \tag{4-4}$$

式中：P——城市公共交通行业（模拟市场化）应得利润，万元；

C——城市公共交通行业的成本费用总额，万元；

R——城市所有行业平均的成本费用利润率,%。

计算结果见表4-3。

郑州市公共交通行业模拟市场化应得利润表 表4-3

指标 年份	郑州市公共交通行业年度运营成本(万元)	郑州市各行业平均成本费用利润率(%)	郑州市公共交通行业市场化利润(万元)
2003年	28424.6	6.5	1847.6
2004年	34594.1	6.8	2352.4
2005年	45861.2	7.8	3577.2
2006年	48965.0	10.1	4945.5
2007年	58717.1	13.2	7750.7
2008年	75161.8	11.7	8793.9
2009年	94289.8	12.0	11314.8
2010年	118908.2	13.8	16409.3
2011年	142957.6	12.6	18055.5
2012年	177750.5	10.3	18290.5
2013年	212117.2	10.3	21848.1
"十一五"时期合计	396041.9	12.4	49214.2
"十二五"前三年合计	532825.4	10.9	58194.1

注:数据来源于郑州市公共交通总公司、《郑州市统计年鉴》,其中2013年郑州市各行业平均成本费用利润率为估算数。

2013年,郑州市公共交通行业若实现市场化经营可获得21848.1万元的利润,可实现市场化的收入233965.3万元,而由于实施政府定价的制度,实际上收入仅为71059.8万元(表4-4),为公共交通出行的乘客节约了162905.5万元,相当于一次乘车节约1.58元(这是在不考虑企业其他费用和税费的情况下可节约乘车费用,若考虑到企业的税费、工资偏低等多种因素,可节约的一次乘车费用大约在2~2.5元,相当于给每个市民每年补贴500~600元的交通费用)。但是考虑到政府的补贴具有转移支付的性质,扣除政府补贴的部分,公共交通的非市场化运营实际上为社会降低了21848.1万元的交通出行成本(若考虑到企业的税费、工资偏低等多种因素,为社会节约的交通出行费用在4.4亿~5.5亿元)。

郑州市公共交通行业对降低社会交通成本的贡献　　表 4-4

指标 年份	郑州市公共交通行业市场化收入(运营成本＋市场化利润)(万元)	郑州市公共交通行业主营业务收入(万元)	社会交通出行成本节约额(万元)
2003 年	30272.2	25203.4	5068.8
2004 年	36946.5	30782.4	6164.1
2005 年	49438.4	36987.2	12451.2
2006 年	53910.5	43552.2	10358.3
2007 年	66467.8	48731.0	17736.8
2008 年	83955.7	55478.1	28477.7
2009 年	105604.5	65114.8	40489.7
2010 年	135317.5	67137.2	68180.3
2011 年	161013.1	65003.0	96010.1
2012 年	196041.1	70148.4	125892.7
2013 年	233965.3	71059.8	162905.5
“十一五”时期合计	445256.0	280013.3	165242.7
“十二五”前三年合计	591019.5	206211.1	384808.4

注:郑州市公共交通行业主营业务收入来源于郑州市公共交通总公司。

整个“十一五”时期,郑州市公共交通累计为乘客节约了 165242.7 万元的交通支出(若考虑到企业的税费、工资偏低等多种因素,为乘客节约的交通出行费用在 33 亿~41 亿元),或为全市降低了 49214.2 万元的交通成本(若考虑到企业的税费、工资偏低等多种因素,为社会节约的交通出行费用在 9.8 亿~12.3 亿元)。

第三节　郑州市公共交通发展对土地增值的贡献

现代社会中,城镇及其周边土地一般是处于一种不断增值的状态中。在郑州市,随着经济的蓬勃发展和经济体制改革的不断深入,土地更是普遍处于一种快速的、大幅度的增值过程中。

土地增值来源于对土地投入的增加,而公共交通投资是土地增值的重要原因之一。2008 年美国进行的一项调查研究显示,在公共交通设施附近,一个独立家庭住宅(独栋别墅)增值 32%,公寓住房增值 18%,出租公寓增值 45%,商业用房增值 120%，零售业用房更是增值 167%。公共交通投资的增加，公交基础设施的改善，直接带动周边土地及其建筑物的增值。就整个城市来说，公共交通投资意味着城市交通便利程度的提高，整个城市的土地价格也会有所增长。

从公共交通投资提升城市交通便利性的角度来考察公共交通投资对土地增值的贡献，即考虑公共交通投资对整个城市土地价格的影响，采用回归分析法研究郑州市公共交通投资对土地增值的贡献。

一、郑州市土地增值状况分析

郑州市 2000—2013 年土地价格及增长情况见表 4-5、图 4-3。

郑州市土地价格及增速　　表 4-5

年份 \ 指标	土地价格（元/m^2）	土地价格涨幅（%）
2000 年	203.9	—
2001 年	279.0	36.8
2002 年	704.3	152.4
2003 年	648.6	-7.9
2004 年	767.6	18.3
2005 年	804.6	4.8
2006 年	1371.2	70.4
2007 年	1544.9	12.7
2008 年	2126.1	37.6
2009 年	1854.3	-12.8
2010 年	1951.4	5.2
2011 年	4493.9	130.3
2012 年	3260.0	-27.5
2013 年	3876.9	18.9

注：(1)数据来源于《郑州市统计年鉴》。

(2)土地价格根据土地购置费与土地购置面积计算，2013 年数据为估算数。

2000 年，郑州市区土地的价格为 203.9 元/m^2，2005 年增长到 804.6 元/m^2，增长了近 3 倍；到 2010 年增长到 1951.4 元/m^2，分别比 2000 年和 2005 年增长了 9.6 倍和 2.4 倍；2011 年土地价格出现大幅上涨，达到 4493.9 元/m^2，2012 年土地价格有所回落，为 3260.0 元/m^2。

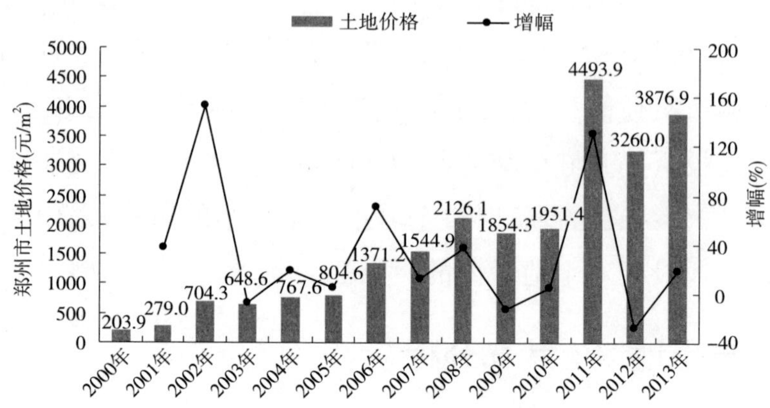

图 4-3　郑州市土地价格变动情况

注:数据来源于《郑州市统计年鉴》

从年度增长率来看,2000—2010 年 10 年间,除 2003 年和 2009 年,价格水平略有回落之外,其余年份价格均呈增长态势,不过随着基数的不断提高,增长幅度有所放缓。2010 年土地价格比 2009 年增长 5. 2% ,而 2011 年,随着住房销售的活跃,土地价格再次大幅提升,2011 年的土地价格比 2010 年上涨了 130. 3% ;2012 年的价格比 2011 年回落 27. 5% ,但仍比 2010 年高 67. 1% 。

二、郑州市公共交通投资对土地增值的贡献

城市土地价格的上升来源于对城市土地的投入以及与土地相关的投资增长。根据分析,选取土地开发投资和城市公共交通投资对土地增值建立回归模型,进行回归分析,分别用符号 i_1 和 i_2 表示,土地价格由 P 表示,由于平均价格是存量数据,故取自然对数,记为 $\ln P$。

模型形式为:

$$\ln P = C - a_1 i_1 + a_2 i_2 - a_3 i_{1-1} + a_4 i_{2-1} \qquad (4\text{-}5)$$

按 2003—2010 年郑州市土地开发投资和城市公共交通投资数据建立土地增值的回归模型分析,如下:

$$\ln P = 7.478049 - 0.077742 i_1 + 0.010064 i_2 - 0.03386 i_{1-1} + 0.015317 i_{2-1}$$

其中,$R^2 = 0.945952$,$DW = 3.190595$,$F = 8.750998$,相伴概率 =0. 105175。

式中:i_1——土地开发投资,亿元;

i_2——城市公共交通投资,亿元;

i_{1-1}、i_{2-1}——i_1、i_2 滞后一期变量；

P——土地价格，亿元。

其中各待估参数的 t 统计量及相伴概率见表 4-6：

各待估参数的 t 统计量及相伴概率　　表 4-6

待估参数	t 统计量	相伴概率
C	41.83295	0.0006
a_1	-2.93974	0.0989
a_2	0.333095	0.7707
a_3	-1.228774	0.3441
a_4	0.577430	0.6220

模型总体解释能力较强，达到 90% 以上。模型通过显著性水平检验，公共交通投资系数的显著性水平较低，其原因主要是受到数据量较少的影响。

通过模型测算可以看出，郑州市公共交通投资系数为 0.025381，即投资增加 1 亿元，土地价格上涨 0.025%。

由于各年的投资状况不同，对土地价格的影响也不同。“十一五”时期，公共交通累计投资达 19.2 亿元，带动土地增值 0.49%，共带动土地价格上涨 9.1 元/m^2。“十二五”前三年，公共交通累计投资达 34.5 亿元，带动土地增值 0.88%，共带动土地价格上涨 33.1 元/m^2。其中，2013 年公共交通投资达到 12 亿元，带动土地增值 0.3%，即带动土地价格上涨 11.8 元/m^2，具体见表 4-7。

城市公交投资带动土地价格涨幅　　表 4-7

指标 年份	城市公共交通投资（亿元）	公共交通投资带动土地价格涨幅（%）	公共交通投资带动土地价格涨幅（元/m^2）
2003 年	4.3	0.1095038	0.7101979
2004 年	1.0	0.0253556	0.1946204
2005 年	2.2	0.0556352	0.4476178
2006 年	1.2	0.0303912	0.4167276
2007 年	1.3	0.0339852	0.5250232
2008 年	2.8	0.0710668	1.5109542
2009 年	8.6	0.218203	4.0462284

续上表

指标 年份	城市公共交通投资（亿元）	公共交通投资带动土地价格涨幅（%）	公共交通投资带动土地价格涨幅（元/m^2）
2010 年	5.2	0.1332122	2.5995376
2011 年	8.4	0.2140278	9.6181278
2012 年	14.1	0.3573949	11.650983
2013 年	12.0	0.3044273	11.802408
“十一五”时期合计	19.2	0.4876817	9.098471
“十二五”前三年合计	34.5	0.8783569	33.071518

注：数据来源于《郑州市统计年鉴》。

第四节　郑州市公共交通对地区经济增长的贡献

一、郑州市公共交通对地区增加值贡献

地区增加值，即地区生产总值（Gross Domestic Product，简称 GDP），常被公认为衡量国家经济状况的指标。它是指在一定时期内（一个季度或一年），一个地区的经济中所生产出的全部最终产品和劳务的价值。

公共交通行业作为国民经济不可或缺的一个部门，为城市经济的增长提供了基础的交通运输保障，其提供的交通服务作为生产性服务属于地区增加值的一个组成部分。

本书中公共交通行业增加值按照收入法来计算。收入法也称分配法，即从生产过程形成收入的角度，对常住单位的生产活动成果进行核算。国民经济各产业部门收入法增加值由劳动者报酬、生产税净额、固定资产折旧和营业盈余四个部分组成。计算公式为：

增加值 = 劳动者报酬 + 生产税净额 + 固定资产折旧 + 营业盈余

由于公共交通行业具有公益性，而且为了增强吸引力，在政府管制下实行低票价和特殊人群免费政策。因此，行业常年呈现政策性亏损状态，无法实现合理的利润，企业经营需要依靠财政补贴。为了合理评估行业的利润水平，我们采用社会平均利润率来对公共交通行业的利润状况进行评估。社会平均利润率有销

售利润率、成本费用利润率、产值利润率、企业资金利润率等多种计算方法，在此，我们采用社会平均成本费用利润率计算公共交通行业的利润。计算公式如下：

公共交通行业利润 = 年度运营成本 × 成本费用利润率

公共交通行业增加值 = 公共交通行业工资总额 + 固定资产折旧 + 税金总额 + 利润总额

郑州市公共交通行业增加值具体计算结果见表4-8、表4-9。

郑州市公共交通市场化利润评估表 表4-8

年份＼指标	郑州市公共交通行业年度运营成本（万元）	郑州市各行业平均成本费用利润率（%）	郑州市公共交通行业市场化利润（万元）
2000年	14220.4	5.2	739.5
2001年	15710.0	4.6	722.7
2002年	17512.8	5.5	963.2
2003年	28424.6	6.5	1847.6
2004年	34594.1	6.8	2352.4
2005年	45861.2	7.8	3577.2
2006年	48965.0	10.1	4945.5
2007年	58717.1	13.2	7750.7
2008年	75161.8	11.7	8793.9
2009年	94289.8	12.0	11314.8
2010年	118908.2	13.8	16409.3
2011年	142957.6	12.6	18055.5
2012年	177750.5	10.3	18290.5
2013年	212117.2	10.3	21848.1

注：数据来源于郑州市公共交通总公司。

郑州市公共交通增加值核算表 表4-9

年份＼指标	职工工资总额（万元）	固定资产折旧（万元）	上缴税金（万元）	郑州市公共交通行业市场化利润（万元）	行业增加值（万元）
2000年	4835.1	1536.4	454.1	739.5	7565.0
2001年	5211.4	2504.4	451.8	722.7	8890.2

续上表

年份＼指标	职工工资总额（万元）	固定资产折旧（万元）	上缴税金（万元）	郑州市公共交通行业市场化利润（万元）	行业增加值（万元）
2002 年	6399.0	4199.6	642.9	963.2	12204.7
2003 年	7086.1	5673.1	832.2	1847.6	15439.0
2004 年	8784.5	5760.6	1016.5	2352.4	17914.0
2005 年	10048.0	6044.3	915.2	3577.2	20584.7
2006 年	12283.0	8107.7	1440.8	4945.5	26777.0
2007 年	14529.2	8856.8	1594.5	7750.7	32731.1
2008 年	17360.1	11495.3	1835.5	8793.9	39484.8
2009 年	20864.0	14782.0	2158.4	11314.8	49119.1
2010 年	28208.0	17810.1	2218.5	16409.3	64646.0
2011 年	42378.9	14870.9	2172.9	18055.5	77478.2
2012 年	49074.2	19851.3	2372.1	18290.5	89588.2
2013 年	60189.7	31060.3	3742.6	21848.1	116840.6
“十一五”时期合计	93244.3	61051.8	9247.7	49214.2	212758.0
“十二五”前三年合计	151642.8	65782.5	8287.6	58194.1	283907.0

注：数据来源于郑州市公共交通总公司。

图 4-4 显示了 2000—2013 年郑州市公共交通行业增加值，2013 年行业增加值为 116840.6 万元，分别是 2000 年和 2010 年的 15.4 和 1.8 倍。

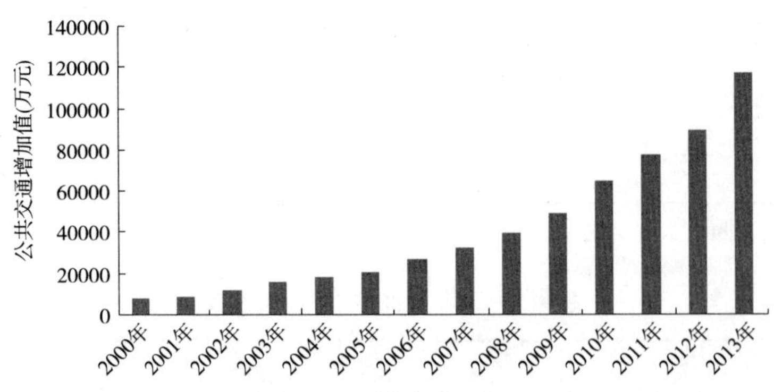

图 4-4 郑州市公共交通增加值

注：数据来源于郑州市公共交通总公司。

图 4-5 反映了郑州市公共交通行业增加值增长率与郑州市区 GDP 增长率的对比情况。从图中看出，2001—2013 年，除 2004 年郑州市公共交通行业增加值

增长率慢于郑州市 GDP 增长率之外，其余年份均快于郑州市 GDP 的增长率，其最大差值为 22.8%。13 年间，郑州市公共交通行业增加值年均增长率为 23.4%，比同期郑州市辖区 GDP 年均增长率高出 7.7%。以上数据表明，郑州市公共交通行业的发展快于郑州市经济平均增长水平，郑州市公共交通行业的快速发展为郑州市经济增长提供了有力的支撑。

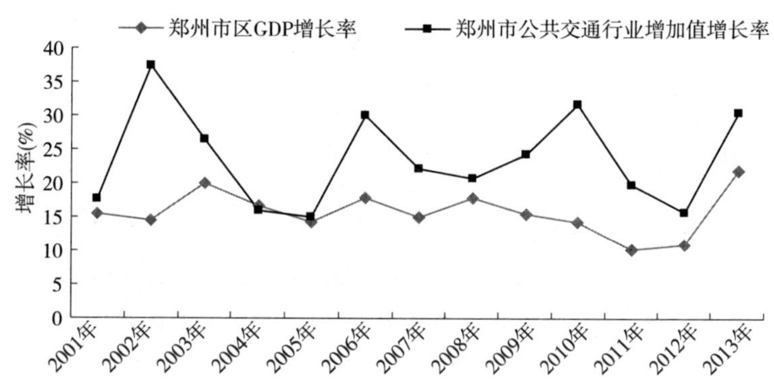

图 4-5　郑州市公共交通增加值增长率与郑州市区 GDP 增长率对比

注：数据来源于《郑州市统计年鉴》、郑州市公共交通总公司。

二、郑州市公共交通产业链对地区增加值的贡献

郑州市公共交通产业链既包括了上游的车辆维修保养、场站建设维修、成品油炼化等相关行业的生产活动，也包括了下游的居民就业、上学、就医、购物等出行需求活动。公共交通产业链的增加值囊括了与公共交通相关的所有行业的生产经营活动。

公共交通产业链增加值计算公式如下：

$$Q_{\text{ad}} = P_{\text{ad}} \times m(v)'_t \tag{4-6}$$

式中：Q_{ad}——公共交通产业链创造的增加值，万元；

P_{ad}——公共交通行业增加值，万元；

$m(v)'_t$——调整后的公共交通产业链增加值乘数。

一般来讲，增加值乘数反映单位最终需求变动对增加值的完全影响数值。在投入产出开模型情况下，公共交通产业链的增加值乘数计算公式如下：

$$m(v)_t = \sum_{i=1}^{n} a_{vi} \tilde{b}_{it} \tag{4-7}$$

式中：a_{vi}——第 i 部门的直接增加值系数；

$\tilde{b}_{ij}$——公共交通行业的完全需求系数。

为描绘公共交通行业最终需求变动对增加值的完全影响相对于行业增加值的扩张倍数,我们对增加值乘数进行了调整,调整后的增加值乘数反映的是公共交通行业对全部行业增加值的完全影响相对于公共交通行业自身创造的增加值的扩张倍数。计算公式如下:

$$m(v)'_t = \frac{\sum_{i=1}^{n} a_{vi}\tilde{b}_{it}}{a_{vt}} \tag{4-8}$$

式中:a_{vt}——公共交通行业的直接增加值系数。

根据投入产出表最终计算得到的郑州市公共交通行业增加值乘数为4.05,由此可计算得到公共交通行业产业链的增加值。计算结果见下表4-10。

郑州市公共交通产业链增加值与郑州市GDP对比表 表4-10

年份 \ 指标	公共交通行业增加值(万元)	公共交通产业链增加值(万元)	郑州市GDP(亿元)	公共交通产业链增加值占郑州市GDP比重(%)
2000年	7565.0	30638.2	331.1	0.93
2001年	8890.2	36005.1	382.2	0.94
2002年	12204.7	49428.9	437.6	1.13
2003年	15439.0	62528.0	525.0	1.19
2004年	17914.0	72551.5	612.4	1.18
2005年	20584.7	83368.0	699.8	1.19
2006年	26777.0	108447.0	824.5	1.32
2007年	32731.1	132561.0	949.0	1.40
2008年	39484.8	159913.4	1117.8	1.43
2009年	49119.1	198932.2	1291.9	1.54
2010年	64646.0	261816.2	1476.1	1.77
2011年	77478.2	313786.8	1628.3	1.93
2012年	89588.2	362832.2	1808.0	2.01
2013年	116840.6	473204.5	2205.9	2.15
"十一五"时期合计	212758.0	861669.8	5659.3	1.52
"十二五"前三年合计	283907.0	1149823.5	5642.2	2.04

注:数据来源于《郑州市统计年鉴》、郑州市公共交通总公司。

图 4-6 反映了郑州市公共交通行业产业链增加值占郑州市 GDP 比重的情况，从图中看出，郑州市公共交通行业产业链增加值占郑州市 GDP 的比重呈波动上升的态势，2000 年，郑州市公共交通产业链在地区 GDP 中的比重仅为 0.93%，到“十五”时期末上升到 1.19%，上升 0.26%；到“十一五”时期末，该比重上升到 1.77%，比“十五”时期末上升了 0.58%；到 2013 年上升至 2.15%。这一结果表明，2000 年以来，相对于郑州市区的平均发展水平来说，公共交通行业的增长速度有所加快。

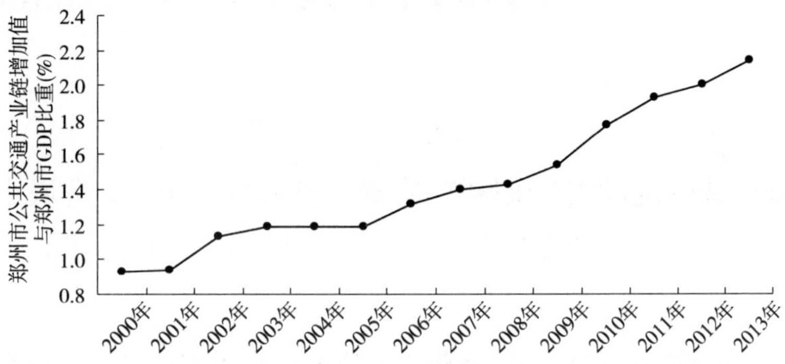

图 4-6 郑州市公共交通产业链增加值占郑州市 GDP 比重

第五章 郑州市公共交通对郑州市城市社会发展的贡献

公共交通是城市流动的“血脉”，是城市发展的基础，也是城市发展水平的一个重要标志。公共交通的发展为城市综合实力的提升做出了重要的贡献。

第一节　郑州市公共交通对分担居民机动出行的贡献

人们上班、上学、购物、娱乐、就医、探亲访友等外出活动，将产生出行需求。由于出行个体属性的差异性以及交通方式的固有特性，使得各种交通方式对不同群体具有不同程度的吸引。公共交通作为城市交通体系的重要组成部分，它是社会生产的第一道工序，与城市发展一脉相承。城市公共交通创造和维持了工作机会，让用人单位拥有了更大的劳动力市场；振兴了区域商业，增加了财富值。城市公共交通是适用于所有人的出行方式，尤其是老人和弱势群体快捷、安全、经济出行的保障。城市公共交通是城市基础性服务，没有城市公共交通，城市经济社会发展将受到极大约束。随着城镇化水平以及居民生活水平的上升，城市居民出行次数和出行距离逐步增加，出行需求进一步提高，居民出行方式也呈现机动化趋势，乘坐公共交通出行的人数逐步上升。

随着郑州市公共交通优先发展战略的不断深化，城市公共交通建设不断加强，城市公共交通体系不断完善，其服务水平也不断提升，进而吸引了越来越多的市民选择公共交通出行，公共交通客运量持续较快上升，公交出行分担率也逐步提高。

截至 2013 年年底,郑州市公共交通客运量已上升至 103233 万人次,比 2001 年和 2010 年分别增长了 259.4% 和 25.0%,如图 5-1 所示。郑州市公共交通客运量呈现较快增长态势,由此表明,郑州市公交较快发展进一步满足了市民出行需求,同时郑州市公共交通服务水平的提升也得到了市民认可,吸引更多市民乘坐公共交通出行。郑州市公共交通客运量的不断上升,有助于缓解城市交通拥堵,对于节能减排、改善城市环境都有积极意义。

图 5-1 郑州市公共交通客运量图

注:数据来源于《郑州市统计年鉴》(2002—2012)、郑州市公共交通总公司。

受到公共交通客运量不断上升的带动,郑州市居民公共交通出行比例也进一步上升。2013 年,郑州市公交出行分担率为 30.8%,较 2005 年的 22.5%,上升了 8.3%,处于全国各主要城市的中等以上水平。近年来郑州市公交出行分担率情况如图 5-2 所示。

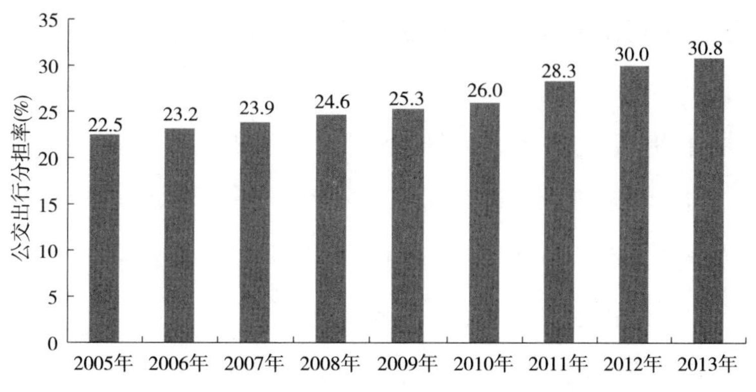

图 5-2 2005—2013 年郑州市公交出行分担率趋势情况

注:数据来源于《郑州市"十二五"交通运输发展规划》。

郑州市公共交通客运量的较快增长主要得益于以下三方面：

(1)提升公共交通供给能力。郑州市政府加大了城市公共交通体系建设的投入，公交车数量、运营线路网长度均有着大幅度增长，并通过快速通道项目(城市域快速通道110km。当前，郑州市已形成“快速公交线网＋骨干公交线网＋支线网”的公交线网框架，提升了中心城区的辐射带动能力。新改建农村公路5989km，总里程已达11060km，公路通乡镇、通行政村率100％。城市客运服务能力不断提升，投资6亿元建设快速公交系统。同时，开通了4条城际公交线路，推动以郑州市为核心的中原经济区城际公交进入快速发展期。2014年5月1日前，郑州市三环将开通B3快速公交，配备12条支线，进一步提升公交供给能力。

(2)改革票制，让利于民。2010年，郑州市第29次市政府常务会议决定，自2010年8月1日起，郑州市内公交包括BRT在内的1000多台空调公交车全面降价，由每人次2元降为1元，A卡(通用优惠卡)由1.6元降为0.8元，B卡(成人优惠卡)由1元降为0.5元，C卡(学生优惠卡)由0.5元降为0.25元。公交票价大幅下降进一步吸引了市民选择公共交通出行。

(3)提高公交服务水平。郑州市公交加强信息化智能管理系统建设，提高了公交的准点率。加强了车辆层次结构调整，不断增加乘坐舒适的公交车辆，为乘客提供更为优良的乘车环境。强化服务用语、服务礼仪培训，推行微笑服务，整体服务质量显著提升。

第二节　郑州市公共交通对节约城市交通占地的贡献

我国城市用地扩张迅速，600多座城市的人均用地已达到113m^2，远高于发达国家人均城市用地88.3m^2的水平。城市可用土地不断减少，道路和停车设施建设都将受到制约。随着小汽车保有量的不断增多，停车占地、占用道路问题日益突出。公共汽车具有载客量大、高效集约等特点，有利于提高土地资源使用效率，降低城市机动交通出行对土地的占用，可缓解小汽车过度增长所产生的大量占用城市土地资源问题。

调查数据显示，每辆公共汽车占地面积约为160m^2 主要是指公交汽车场站以及维修等所占用的土地面积），每辆小汽车占用土地面积约为30m^2（主要是指小汽车停车、维修保养等所占用的土地面积），单辆公共汽车占地面积虽然要大于小汽车，但是公交车具有大运量的优势，公交车载客量约为50人次，而小汽车平均载客量仅为2.5人次，从载客量来看，公交车人均占地面积约为3.2m^2，小汽车人均占地面积约为12m^2，与小汽车相比公交车人均节约土地占用8.8m^2，公交车节约土地占用的效果非常显著，见表5-1。未来随着郑州市城市规模的扩大和人口的扩张，公共交通占地少的优势将更加凸显。

公交车与小汽车占用土地比较 表5-1

指标＼车种	公交车	小汽车	指标＼车种	公交车	小汽车
车辆长度（m）	10.5	4.3	占地面积（m^2）	160	30
车辆宽度（m）	2.5	1.8	人均占地面积（m^2）	3.2	12
载客量（人次）	50	2.5			

本书主要从公交车和小汽车载客量的不同，利用公交车出行人均占地面积、小汽车出行人均占地面积、每辆公交车平均载客量以及当年公交车平均数量等数据，计算公交车对于节约城市交通占地的贡献，计算公式见式（2-6）。

计算结果表明，郑州市公共交通节约城市交通占地的贡献从2001年的70.1万m^{2}上升至2013年的252.8万m^2，13年间增长了2.6倍，具体如图5-3所示。

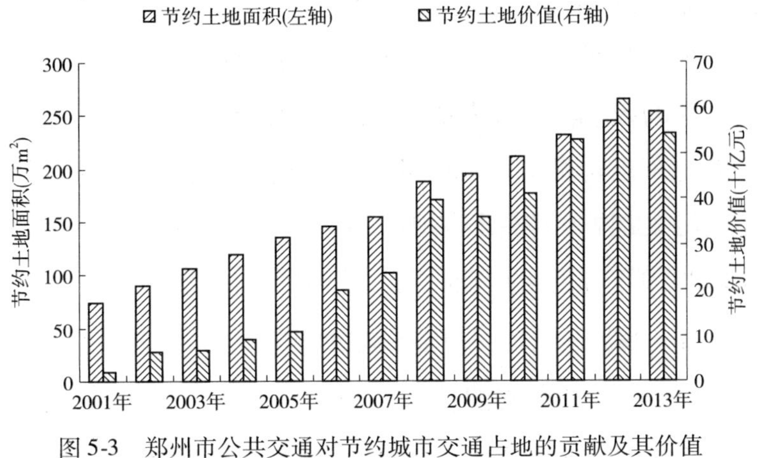

图5-3 郑州市公共交通对节约城市交通占地的贡献及其价值

节约土地能够实现再开发和利用，进而创造价值，增加财政收入。以郑州市当年土地价格，进而可以估算节约城市交通占用土地资源的货币价值。综合评价结果显示，2001年郑州市公共交通节约的土地价值约为20.7亿元，2013年上升到543.7亿元，13年间增长了25倍，见表5-2。

郑州市公共交通对节约城市交通占地的贡献　　表5-2

指标	单位	2000年	2001年	2002年	2003年	2004年	2005年	2006年
节约土地面积	万 m^2	59.0	70.1	90.2	106.7	120.0	135.4	145.7
节约土地价值	亿元	12.0	20.7	63.5	69.2	92.1	108.9	199.8
指标	单位	2007年	2008年	2009年	2010年	2011年	2012年	2013年
节约土地面积	万 m^2	154.8	187.4	194.8	210.7	231.9	244.1	252.8
节约土地价值	亿元	239.1	398.5	361.2	411.1	458.6	619.6	543.7

总体看，公共交通出行对于节约土地占用的作用较为显著，随着城市土地资源稀缺性的逐步上升，土地价格不断升高，公共交通所实现的节约城市交通占地的价值量也随之增长。

第三节　郑州市公共交通对交通节能的贡献

能源紧缺已成为全球资源问题的主题。交通运输承担着节能减排的重要角色。

促进交通运输节约油耗主要有两个途径，一是降低机动车出行数量，二是更新机动车动力系统。从第一个途径看，与小汽车相比，公交车载客量相当于小汽车的20~30倍，其高效、集约的优势有利于提高运载效率，不但节约能源消耗，还有利于减少机动车出行数量，提高城市道路通畅度，避免道路过度拥堵带来的能源消耗和环境污染加剧。根据美国经验，其发达的公共交通系统每年可以节约42亿加仑(1589.9万 m^3)的汽油，其中公交车直接替代小汽车将节约18亿加仑(681.4万 m^3)的油耗，因小汽车出行减少将节约3.4亿加仑(128.7万 m^3)的油耗，还有其间接影响所产生的油耗节约贡献。从第二个途径看，清洁能源公交车使用新的动力系统，如纯电动车、超级电容车将大大降低能耗，对于节能减排的贡献将更为显著。不同动力系统公交车能耗及污染物排放对比如图5-4所示。

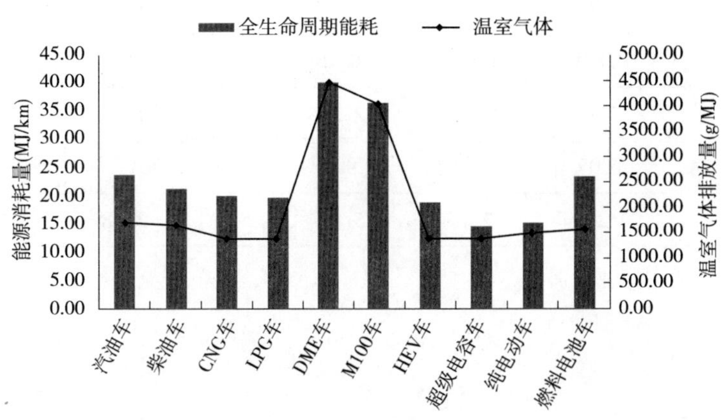

图 5-4 不同动力系统公交车能耗及污染物排放对比

注:数据来源于《多种新能源公交车能耗与主要污染物排放全生命周期对比分析》,欧训民(2009)等。

发展公共交通体系所实现的油耗节约贡献将通过多种渠道传导,但各种间接传导渠道较难估算,同时我国新能源公交车尚不普及,正处于初步推广阶段,因此,本书主要测算柴油公交车替代小汽车所实现的油耗节约。

公共交通对节约交通能耗的贡献是指通过公交车与小汽车出行相比较所节约的成品油耗,主要利用小汽车人均百公里油耗、公交车人均百公里油耗、每辆公交车平均载客量、公交车运营里程等指标计算公交车对于节约交通油耗的贡献,计算公式见式(2-7)。

统计数据显示,小汽车耗油量为8L/百公里,公交车耗油量为32L/百公里,郑州市小汽车平均载客量约为2.5人次,公交车载客量约为50人次,由此乘坐小汽车出行人均耗油3.2L/百公里,乘坐公交车出行人均耗油0.64L/百公里,这就意味着公交车替代小汽车出行,每辆公交车将节省油耗128L/百公里。以2013年为例,郑州市5745辆公交车共运营28346.51万公里,替代小汽车出行可节约油耗约为297162.4t,具体见表5-3、表5-4及图5-5。

小汽车与公交车人均百公里油耗测算参数 表5-3

指标 \ 车种	公交车	小汽车
载客量(人次)	50	2.5
百公里油耗(L)	32	8
人均百公里油耗(L)	0.64	3.2

公交车替代小汽车出行可节约油耗贡献 表 5-4

指标	单位	2000 年	2001 年	2002 年	2003 年	2004 年	2005 年	2006 年
可节约油耗	万 t	6.5	7.4	12.2	14.1	15.7	17.8	18.9
指标	单位	2007 年	2008 年	2009 年	2010 年	2011 年	2012 年	2013 年
可节约油耗	万 t	20.4	23.3	25.9	25.5	25.8	27.9	29.7

注:数据来源于郑州市公共交通总公司。

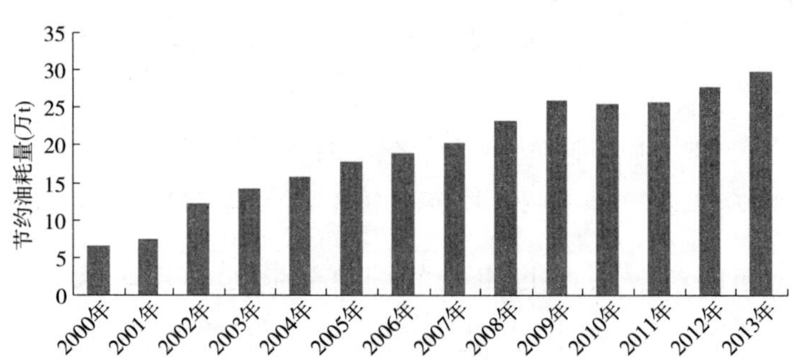

图 5-5 公交车与小汽车出行相比节约油耗贡献图

注:数据来源于郑州市公共交通总公司。

生产经济活动对石油的依赖性不断上升,石油资源供给的有限性,导致近年油价持续高位运行,国内成品油价更是处于高位。因此,公交车替代小汽车出行可节约油耗不仅从数量上更从价值量上体现其贡献的重要性。根据测算,2002—2013 年郑州市公交车替代小汽车出行可节约的油耗价值持续攀升,2013 年节约的油耗价值约为 28 亿元,如图 5-6 所示。

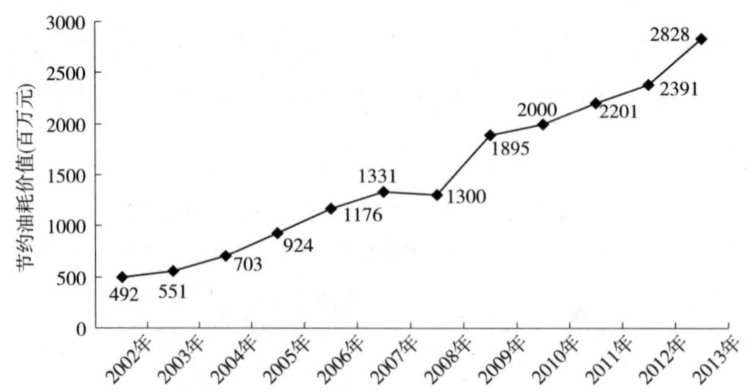

图 5-6 公交车替代小汽车出行可节约油耗的价值

所有测算的前提假设为所有公交车辆均为柴油车，实际上郑州市已开展“中原绿色客运新干线”工程，支持客运车辆“低碳化”改造。新能源公交所实现的油耗节约将更为显著，未来随着新能源公交汽车的不断增多，郑州市公共交通行业油耗节约的贡献将会进一步提高。

第四节　郑州市公共交通对节约居民机动出行支出的贡献

发展公共交通可减少居民小汽车出行过程中购置车辆、能源消耗、车辆保有和维护的支出，有利于降低机动出行成本。通过比较居民公共交通出行支出与小汽车出行支出，反映公共交通对节约居民机动出行支出的贡献。

一、郑州市居民公共交通出行支出分析

居民公共交通出行支出主要受到票价、出行次数、出行距离等因素影响。公共交通作为社会公共服务的一部分，一方面，多采取财政补贴的方式，通过降低票价吸引居民使用公共交通工具出行，既能够满足居民日益增长的机动出行需求，又可缓解城市道路拥堵，因而公共交通票价基本保持稳定，并有下降趋势。另一方面，出行次数具有一定惯性，即使随着人们生活水平的提高，消费出行次数增多，但是提高幅度有限。总体来看，居民公共交通出行支出较为稳定，而且财政补贴使居民公共交通出行的支出变得很低。

郑州市公共交通节约居民机动出行支出的作用不断增大，这与郑州市降低公共交通定价密切相关。郑州市公交票制充分考虑了不同人群的公共交通出行需求，设定了不同的公交 IC 卡，而且郑州市在全国率先实现 60 周岁以上老年人免票，见表 5-5。目前，郑州市公交的票价在全国省会级以上城市中处于比较低的水平，这些惠民举措深得民心，进一步增强了公共交通的吸引力。

2010—2013 年，郑州市居民公共交通出行人均年支出分别为 536.4 元、613.6 元、612.4 元和 613 元(图 5-7)。近年来，郑州市居民受惠于政府重视发展公共交通的举措，在公共交通运营成本要素价格持续上升和居民公共交通出行次数、距离都增长的情况下，居民公共交通出行支出基本保持稳定。

郑州市公交票价主要制度内容 表5-5

类别	票价制度
投币	郑州市市区内普通公交车或空调公交车(包括快速公交车)票价一致,投币均为1元
A卡	A卡为通用优惠卡,刷卡一次为0.8元,不限人数,卡内余额不作废
B卡	B卡为成人优惠卡,仅限持卡人使用,该卡具有月票区和电子钱包区两种功能,50元/月,准乘100次,当月有效,过月作废;电子钱包区的使用功能和A卡相同
C卡	C卡为学生优惠卡,贴有本人照片,仅限本人使用,该卡具有月票区和电子钱包区两种功能;25元/月,准乘100次,过月余次作废;电子钱包区的使用功能和A卡相同
新月卡	新月卡是原成人优惠卡、学生优惠卡的升级版,成人月卡限持卡人使用,不得代人刷卡,月票区充值最低40元/月,最高600元/月,不够用时可复充,复充金额为5元及5元整数倍数,当月内最多复充9次,可连续充值不等金额三个月月票,限持卡人使用,乘车票价5折优惠,使用期限为当月1日至月底,过月余额作废,电子钱包区的使用功能与A卡相同,便于多人同时乘车
D卡	D卡为60周岁以上的老年免费乘车卡,贴有本人照片,只限本人使用,每月可乘坐80次,过月作废;不够用时可往卡上电子钱包充值,每次坐车0.4元,带人乘车8折优惠,电子钱包长期有效
H卡	H卡为公交纪念卡,限量发售,具有馈赠和收藏价值,不能反复充值,可乘车使用
折扣卡	限量发售,按实际发售折扣打折,可乘坐折扣规定范围内车辆,在规定有效期内使用,过期作废;该卡不记名、不挂失、不退卡、不能反复充值

注:数据来源于郑州市公共交通总公司。

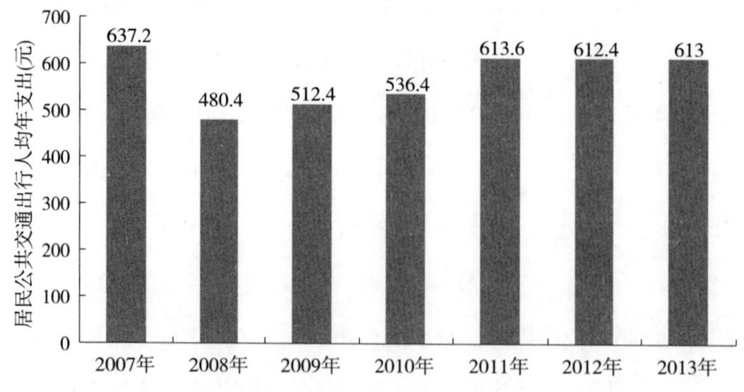

图5-7 郑州市居民公共交通出行人均年支出

注:数据来源于《郑州市统计年鉴》(2007—2013)。

二、公共交通出行成本显著低于小汽车出行成本

居民小汽车出行成本可划分为购车支出、油费支出和日常养护支出三大类。其中购车支出是指购买小汽车所支付的费用，由于小汽车使用年限较长，其购车费用应分摊到各年，按照小汽车约 15 年的使用年限来计算平均每年的购车支出；油费支出与行驶里程有关；日常养护支出包含了保险费、停车费、日常维护费、常规保养费等。通常来讲，小汽车的油费支出与日常养护支出占小汽车总价的 6% ~8%。本书按照购车价格的 7% 测算小汽车油费和养护费用的总支出。从居民小汽车出行支出构成看，小汽车购车支出最多，其次为油费，随着油价的不断上升，油费支出的负担不断增加，见表 5-6。

郑州市居民小汽车出行支出情况 表 5-6

指标 年份	每辆小汽车购买均价（元）	每辆小汽车年均购车支出（元）	每辆小汽车油费 + 养护支出（元）	每辆小汽车年出行成本（元）
2007 年	163734.0	10915.6	11461.4	22377.0
2008 年	112705.4	7513.7	7889.4	15403.1
2009 年	118935.9	7929.1	8325.5	16254.6
2010 年	115177.0	7678.5	8062.4	15740.9
2011 年	113422.6	7561.5	7939.6	15501.1
2012 年	90940.3	6062.7	6365.8	12428.5
2013 年	102181.5	6812.1	7152.7	13964.8

注：数据来源于《郑州市统计年鉴》。

从统计数据可以看出，近年郑州市居民小汽车保有量不断上升，已由 2007 年的 20.2 万辆增长至 2013 年的 94.4 万辆，年均增速为 29.3%；购车价格呈现波动态势，2007 年至 2013 年郑州市居民购买的小汽车均价保持在 90940.3 ~163734.0 元，其中 2007 年购车支出相对较高，这与小汽车的普及程度相关。按汽车使用 15 年进行摊销，年均支出保持在 6062.7 ~10915.6 元，与之相对应的小汽车年养护费保持在 6365.8 ~11461.4 元，综合来看每辆小汽车的年均出行成本处于 12428.5 ~22377.0 元，2013 年出行成本为 13964.8 元。

三、公共交通出行与小汽车出行支出比较

从小汽车出行支出与公共交通出行支出比较看,乘坐公共交通出行所能节约的支出呈现逐步上升的态势。2013 年,居民若由小汽车出行改为公共交通出行,节约的支出可达 117.4 亿元。2007 年至 2013 年累计节约支出 481.4 亿元,见表 5-7。

郑州市居民公交车与小汽车出行支出比较　　表 5-7

指标 年份	小汽车保有量 (万辆)	小汽车出行人均支出 (元)	公交出行人均支出 (元)	节约支出 (亿元)
2007 年	20.2	8950.8	637.2	42.0
2008 年	26.1	6161.2	480.4	37.0
2009 年	34.6	6501.8	512.4	51.8
2010 年	46.3	6296.3	536.4	66.6
2011 年	60.2	6200.4	613.6	84.1
2012 年	75.6	4971.4	612.4	82.4
2013 年	94.4	5585.9	613.0	117.4

注:(1)数据来源于《郑州市统计年鉴》。

(2)每辆小汽车按平均承担 2.5 人/次的出行测算。

从郑州市全市看,公共交通节约居民机动出行成本的能力非常大,这对于中等以下收入家庭尤为重要,有助于降低其出行支出压力。

第五节　郑州市公共交通对缓解交通拥堵的贡献

国际大都市发展经验证明,人口密度高的地区,人均道路用地资源必然紧张,根本不能适应小汽车的高增长、高使用的发展模式。与小汽车相比,公共交通具有运量大、经济便捷的特点,能够提高路面使用效率和运输效率。同时,地铁、快速公交等公共交通出行方式相比社会车辆,具有更高的运行速度,能够显著节约居民出行时间。因此,公共交通发展对于优化城市交通体系、缓解交通拥堵具有积极意义。

一、公共交通能够有效节约城市道路资源

实践证明,道路路网增长速度永远赶不上日益加快的机动车增长速度,道路交通供求矛盾日益突出,交通拥堵状况不断恶化。因此,单纯靠改、扩建和新建路网的办法,已不能从根本上解决因道路供求矛盾而造成交通拥堵和出行难的问题,只能通过最大限度地提高道路使用效率的办法来解决。而公共交通可以发挥其他交通方式无法比拟的优势,以最小的道路资源占用率运送最大的客流。为缓解道路拥挤、降低出行时间,各个城市都在发展公共交通,开辟公交专用车道,提倡公共交通优先,让公共交通出行成为市民出行的首选方式。

美国公共交通协会的数据表明,发展公共交通是缓解拥堵的重要而有效的措施。1 辆满载乘客的 14m 长的公共汽车,能够替代以 40km/h 的速度行驶排满 600m 长的一条小汽车行车线。美国统计数据也表明,没有公共交通,居民出行延误时间将会上升 15%。TTI 研究报告指出,公共交通服务在美国最拥堵的城市能够为出行者节约 6.46 亿 h,价值 137 亿美元。

2005—2013 年,郑州市城市道路面积年均增长 5% 左右,而近年来郑州市机动车保有量则以 20% 左右的速度持续增长,郑州市城市道路面积的增长速度落后于机动车保有量的增长速度,郑州市也面临着城市道路供求不平衡的难题,需要进一步提高城市道路使用效率。机动车辆的较快增长造成郑州市内较严重的拥堵问题,以 2010 年为例,郑州市民上下班耗时约为 58min,其中约有 14min 是因为堵车而多耗用的。以此推算,郑州市民每天上下班因交通拥堵而多耗用的时间总量约为 536667h。

郑州市城市行车道每小时能够容纳 500 ~ 1000 辆机动车,实现的载客量约为 1250 ~ 2500 人。郑州市交通高峰时期,公交车载客量有望达到 100 人左右,能够替代 40 辆平均载客为 2.5 人的小汽车,20 辆公交车相当于为郑州市增加了一条行车道。平峰时期,一辆平均载客 50 人的公交车能够替代 20 辆平均载客为 2.5 人的小汽车,40 辆公交车相当于为郑州市增加一条行车道。如果所有公交车停运,那意味着 240 万人次的交通出行受阻,尤其是老人、上班、上学的人群将受到很大的影响。

公交车和小汽车在承载相同数量居民出行需求时,两者的资源占用率和运

输效率都存在巨大的差异。因而,不断完善公共交通体系,提高服务质量,提升公交出行分担率,对于缓解城市交通拥堵、节约居民出行时间具有积极意义。

二、快速公交对提高客运效率和节约出行时间的贡献显著

我国大多数城市公共交通仍主要以常规公交为主,快速公交发展仍处于起步阶段,随着城市规模不断扩大,出行耗时也越来越长。目前,我国主要城市机动车行驶速度远低于发达国家的20km/h,城市交通拥堵问题非常严重。根据《2010中国新型城镇化报告》,北京、广州、上海、深圳、天津上班耗时均超过40min,其中北京耗时为52min。数据显示,欧洲百万人口以上大城市上班耗时约为27min,明显低于我国部分大城市上班耗时,如图5-8所示。

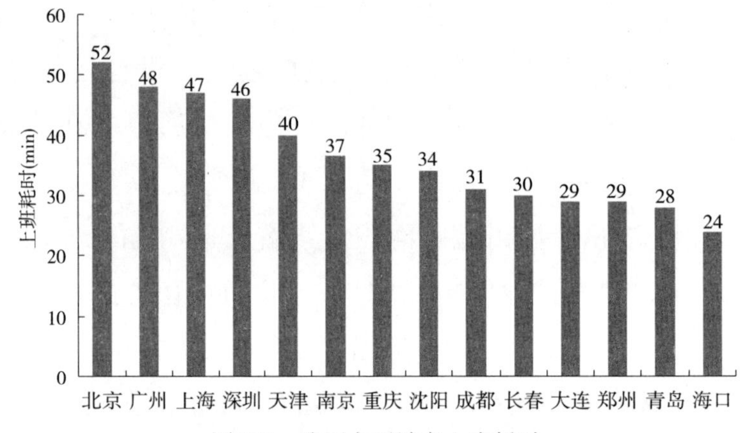

图5-8　我国主要城市上班耗时

注:数据来源于《2010中国新型城镇化报告》。

公共交通优先发展,落实公共交通路权优先是其重点之一,郑州市2009年开通BRT以后,城市交通状况得到改善,由于BRT拥有专用车道,运行速度可达20km/h,远高于常规公交平均15km/h的运行速度,也高于社会车辆的运行速度。与常规公交相比,快速公交运营速度在平峰时期提高了25%,高峰时期则提高了59%。实践证明,BRT运行速度快、准时的特点,在很大程度上节约了居民出行时间。调查显示,乘坐BRT的居民所实现节约出行时间5~20min的占64%,节约30min的占26%。按日均客运量40万人次估算,可为乘客一天节约出行时间103200h,从而使全市因交通拥堵多耗用的时间减少约20%。同时,由于快速公交大容量、高效率,郑州市快速公交以8%的公交运力承担了全市约

20%的公共交通运量。

目前,郑州市 BRT 一期运营良好,BRT 二期线路也已经通车。未来,郑州市将加大公共交通供给能力的投入,BRT 三期线路也将于 2014 年投入运营,同时城市地铁也会很快运营,这将优化郑州市公共交通体系,也有利于缓解郑州市城市交通拥堵问题。

第六节　郑州市公共交通对促进公平出行的贡献

一、公共交通促进公平出行的内涵

公平出行是指交通系统通过合理配置交通资源,使得各种交通方式的出行群体对出行目标都具有均等的可达性。可以进一步从时间和空间两个层面理解公平出行的内涵。空间层面的公平出行是指不同群体、不同交通方式以及不同地区之间的公平性,全体市民面临着同样的城市交通境况,能机会均等地享受城市交通设施提供的服务,享有法律上平等地使用交通的权利,无论是居住在市中心区还是居住在城市的郊区,无论是富有的阶层还是贫苦的阶层,全体人民大众都有享受交通服务的权利,特别是在经济社会快速发展的形势下,人民大众更有追求快捷、舒适、安全的交通服务的权利。时间层面的公平出行则强调对于人类发展过程中的每一代而言,其接受的交通资产总和与其转移的交通资产总和应是相等的。若在某一代人交通发展过快,超过了环境、资源的承载能力,消耗了过多的交通资源,那就会产生代际不公平。

城市道路属于公共基础设施,具有公益性,人人享有使用权。公共交通属于公共服务产品,是适用于所有人的出行方式,尤其是对老年人、残疾人等弱势群体而言,公共交通更是必不可少的出行方式。因而,一方面,应该强调公共交通的规划,以尽量多的线路覆盖更为广阔的城市区域,实现处处有公共交通的公平的公共交通环境,不但有利于实现民众公平出行,而且由于公共交通的集约高效,赋予专用车道和优先信号,是体现公平使用道路资源的一种方式。另一方面,小汽车不断增多所产生的空气污染、成品油消耗、土地占用等都不利于城市交通的可持续发展,进而造成代际间出行不公平,但城市公共交通具有大容量、快捷、节能减排等诸多优势，有利于促进城市交通向资源节约、环境友好的方向发展，实现代际公平出行。

本书用公交专用车道占有率、郊区万人拥有公交车标台数、行政村通公交率这3个指标来反映公共交通对于促进公平出行和公共服务均等化方面的贡献，各指标计算公式见式(2-12)、式(2-13)、式(2-14)和式(2-15)。本书主要定性评价郑州市公共交通对于促进公平出行的贡献。

二、郑州市公共交通对促进公平出行贡献的分析

郑州市公共交通的快速发展促进了城市公共交通资源的优化配置和公共服务的均等性，进一步推动了不同群体、不同交通出行方式、不同地区间的公平出行水平，主要体现在以下3个方面：

(1)郑州市公共交通促进了不同社会群体的公平出行。随着近年郑州市公共交通线网、运营能力的增长，提高了城市区域公交覆盖率，使得更多市民获得便捷的机动交通出行服务。目前，郑州市公共交通实行老年人乘车免费、学生卡优惠等票制，使得这部分弱势群体出行成本更低。这有利于促进不同群体实现交通资源分配的均等化，提高出行公平性。

(2)郑州市公共交通促进不同出行方式的公平出行。近年，随着城镇化、机动化的快速发展，小汽车过度占用城市道路资源，导致城市交通拥堵，增加了市民的出行时间，加大了不同出行方式的不公平性。因而设置公交专用车道，不仅体现了出行的社会公平性，还可以到提升公交运行速度，增强其吸引力，节省居民出行时间，进而提高公交出行分担率，缓解交通拥堵问题。公共交通优先发展战略中，路权优先是其重要内容之一。郑州市2007年开始建设公交专用车道，包括常规公交专用车道和快速公交专用车道。2009年，郑州市首次开通城市快速公交线路(BRT)，到2010年BRT线网长度已达到31.8km，运营车辆升至410台，累计客运量达3.39亿人次。目前，BRT二期线路也已经通车，BRT三期线路也将于2014年6月投入运营。郑州市BRT的建设极大便利了市民出行，进一步节约了出行时间，受到市民好评。

(3)郑州市公共交通促进了郑州市城乡间的公平出行。城乡间公共基础设施发展不平衡，公共交通规划也多偏重于城市，这导致城乡之间出行不公平。近

年来,郑州市城乡客运一体化进程显著加快,全面普及了“新农巴士”,客运线路公司化改造率达 85% 以上,实现了全市乡镇通客车率 100%、行政村通客车率 100% 的目标。“十二五”期间,郑州市交通建设将继续促进全市区交通条件的改善,提高运输效率和服务水平,满足城乡百姓日益增长的出行需求,提升城乡居民的生活质量和生活满意度,特别是改善偏远地区的出行条件和农村居民的出行环境,促进农业现代化建设和城乡统筹发展,加快推动新城镇化进程,提高公共交通城乡一体化在促进社会公平出行方面的贡献。

第七节　郑州市公共交通对道路交通安全的贡献

道路交通事故是一个严重的公共安全问题,也是世界各地造成死亡和伤害的重要原因,给个人、家庭和社会带来巨大伤害和经济损失。我国机动车保有量快速增长,道路交通流量饱和度逐步上升,道路交通事故频发。根据交通部门统计数据,2001—2005 年我国每年因道路交通事故造成的死亡人数约为 10 万人,交通事故造成的经济损失在 10 亿元左右。超速行驶、未按规定让行、无证驾驶为肇事致人死亡的三大交通违法行为。

公共交通车辆由专职驾驶员驾驶,由专业机构经营,与其他机动交通方式相比,城市公共交通更为安全,交通事故率更低,以及由此造成的死亡率也更低。美国联邦交通管理委员会统计数据显示,如图 5-9 所示,2003—2009 年,美国公交车百万公里死亡率为 0.05%,小汽车百万公里死亡率为 1.42%,铁路百万公里死亡率约为 0.03%。由此可见,公交车的交通事故和死亡率远小于小汽车,这充分证明了公交车的安全性,有利于提高城市交通安全水平。

相比小汽车,公交车交通安全性主要在于以下 3 个方面:

(1)公共交通行业能够对驾驶员统一管理和教育,要求公共交通行业从业人员持证上岗,开展交通安全培训和学习,提高公交车驾驶员的法律意识和交通安全意识,使得绝大部分公交车驾驶员能够在行驶过程中遵纪守法,从而提高公共交通安全的整体水平。

(2)公共交通系统强化了安全标准,建立了严格的车辆检测和维修制度,使公交车辆保持良好的技术状态。

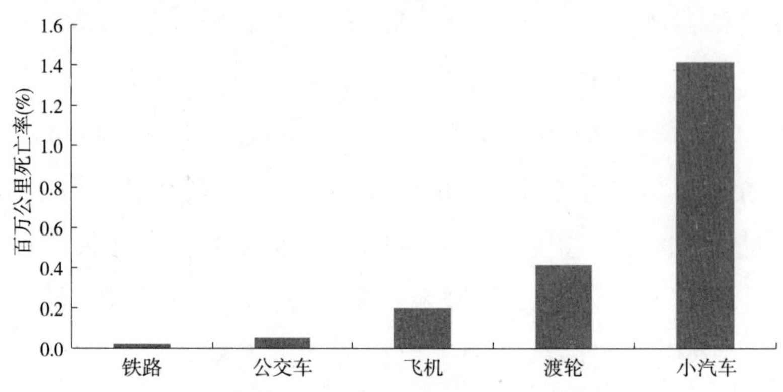

图 5-9　美国 2003—2009 年交通工具百万公里死亡率

注:数据来源于美国公共交通管理局(FTA)。

(3)公共交通行业建立了统一的公共交通安全危机管理政策和法规体系,保证公共交通安全危机管理的科学性、系统性和完备性。由于公共交通安全涉及多个部门,公共交通行业与各部门配合,建立了长效的应急机制,建立从国家到地方职责明确、协调一致、高效优化的管理机构,能够在事故发生时快速及时地得到救助和处置。

本书以公共交通责任事故降低率来反映公共交通对于城市交通安全的贡献,各指标计算公式见式(2-16)。

郑州市公共交通加强安全教育培训,切实提高职工安全行车、安全生产意识,增强安全防范意识,有效营造安全生产的良好氛围。郑州市公共交通不断健全和完善安全责任管理、检查、评价、处理等各项安全管理制度,使安全管理工作的每一个环节都有章可循,有章必遵,遵章必严,真正形成行之有效的约束机制。郑州市公共交通通过多种措施保障交通安全取得了明显成效,郑州市公共交通责任交通事故率从 1999 年的 0. 78 次/10^6km 降至 2012 年的 0. 58 次/10^6km,年均下降 3. 6% ;2013 年新的交通法规实施后进一步下降至 0. 47 次/10^6km,同比下降 20% ,优于“公交都市”行车责任事故率年均下降 1% 以上的标准,2013 年郑州市公共交通责任交通事故占郑州市全市道路交通事故的比重为 3. 8% ,比 2010 年下降了 4. 7% ,显示出郑州市公共交通较高的交通安全水平。郑州市公共交通安全水平的提升对于改善全市交通安全状况具有积极作用。

第六章 郑州市公共交通对郑州市城市环境改善的贡献

第一节　郑州市公共交通对温室气体减排的贡献

一、郑州市公共交通对温室气体减排的贡献

不同的交通工具其温室气体的排放量存在很大差异，公交车因其动力大，油耗高，单位里程的二氧化碳（CO_2）排放量要高于小汽车。数据表明，公交车百公里二氧化碳排放量达到112970g，是小汽车的3.476倍，见表6-1。

公交车和小汽车 CO_2 的单位里程排放量　　表6-1

车型	小汽车	公交车
单位里程排放量（$g/10^2km$）	32500	112970

注：数据来源：中国不同排放标准机动车排放因子的确定．蔡皓，谢绍东．北京大学学报（自然科学版）。

但公交车的客运量远大于小汽车。一般来说，公交车平均载客量可达到50人/次，早晚高峰期，其载客量更大；而小汽车的平均载客量仅约为2.5人/次。由此测算，公交车的人均百公里二氧化碳排放量仅为2259.4g，而小汽车为13000g（表6-2）。若乘坐小汽车的人改为乘坐公交车出行，则人均百公里可以减少二氧化碳排量1070.6g。假设乘客每天上班路程为5km，一年可减少392kg的二氧化碳排放。

公交车和小汽车 CO_2 的人均单位里程排放量　　表 6-2

车型	小汽车	公交车
平均载客人数(人/次)	2.5	50
人均单位里程排放量($g/10^2km$·人)	13000	2259.4

根据郑州市公交车年度运营里程的情况,相对于小汽车出行计算出郑州市公共交通年度二氧化碳减排量,结果见表 6-3。

郑州市公交车 CO_2 年度减排量　　表 6-3

年份＼指标	CO_2 减排量(万 t)	年份＼指标	CO_2 减排量(万 t)
2000 年	33.4	2008 年	119.3
2001 年	37.8	2009 年	124.9
2002 年	62.7	2010 年	130.4
2003 年	72.3	2011 年	132.0
2004 年	80.6	2012 年	142.8
2005 年	91.1	2013 年	152.2
2006 年	97.0	“十一五”时期合计	576.4
2007 年	104.7	“十二五”前三年合计	427.0

随着公交车运行里程的增长,乘坐公共交通的人数不断增加,降低了小汽车的出行量,可大量减少二氧化碳的排放。“十一五”期间,郑州市公交运营里程达 108764.5 万 km,客运量 361183 万人次,相对于小汽车出行,“十一五”时期共减排二氧化碳 576.4 万 t;“十二五”前三年,郑州市公共交通运营里程达 79517.2 万 km,客运量 292898.43 万人次,相对于小汽车出行,“十二五”前三年共减排二氧化碳 427.0 万 t。其中,2013 年,郑州市公交运营里程达 28346.51 万 km,客运量 103233.2 万人次,相对于小汽车出行,减少二氧化碳排放 152.2 万 t。

二、郑州市清洁能源公交车对二氧化碳减排的贡献

清洁能源公交车与常规柴油公交车相比,能减少二氧化碳的排放量在 50%左右。2013 年,郑州市清洁能源公交车已达到 1570 辆。一辆柴油公交车百公里二氧化碳的排放量为 112970g,使用清洁能源公交车百公里可减少排放二氧化碳 56485g。一辆公交车一年运营里程大约在 5.5 万 km 测算,1570 辆清洁能源公交车一年可减少 4.88 万 t 的二氧化碳排放。

第二节　郑州市公共交通对污染物减排的贡献

一、郑州市公共交通对污染物减排的贡献

机动车排放的尾气中含有对人体健康有害的物质，包括碳氢化合物、一氧化碳、氮氧化合物和颗粒物等。2012年，郑州市各类客车一氧化碳、碳氢化合物、氮氧化合物和颗粒物的排放量分别达到24.9万t、2.7万t、2.5万t和0.17万t，小汽车排放的污染物所占比重分别为48.1%、44.5%、19.3%、9.4%，与2011年相比，所排放的一氧化碳的比重持平，所排放的碳氢化合物和氮氧化合物的比重分别下降0.2%和0.5%，而所排放的颗粒物的比重上升了0.9%；公交车排放的污染物的比重分别为4.7%、6.1%、18.4%和25.6%，分别比2011年下降了0.5%、0.5%、1.4%和2.7%。以上数据表明，小汽车是城市机动车污染的重要来源。

公共交通因其动力大，油耗高，单位里程的污染物排放量较大。但是由于公交车运量大，在实现相同载客能力的情况下，公交车的人均低排放优势显著。在高峰时期，公交车每人每公里平均排放的碳氢化合物、一氧化碳、氮氧化合物，分别是小汽车的17.1%、6.1%、17.4%。相关数据表明，普通柴油公交车平均百公里一氧化碳、碳氢化合物、氮氧化合物的排放量分别为323g、18g和1240g，早晚高峰期按照平均载客量80人计算，公交车的人均百公里污染排放量分别为4.0g、0.2g和15.5g，小汽车的排放量分别为66.2g、1.3g、89.1g。这意味着，乘坐小汽车的人若改乘公交车，百公里一氧化碳、碳氢化合物、氮氧化合物的人均排放量可分别降低62.2g、1.1g和73.6g。假设该乘客每天上班路程为5km，那么1年内分别可减少226.9kg、4.0kg和268.6kg污染物的排放。

根据郑州市公交车年度运营里程的增长情况，相对于小汽车出行计算出郑州市公共交通年度污染物减排量，结果见表6-4。

“十一五”期间，郑州市公交相对小汽车出行，减少一氧化碳、碳氢化合物、氮氧化合物、颗粒物减排量分别达到17843.9t、230.5t、15372.9t和85.9t；“十二

五”前三年，郑州市公交的运营相对小汽车出行，减少一氧化碳、碳氢化合物、氮氧化合物、颗粒物减排量分别达到13221.0t、170.8t、11390.2t和63.6t；其中，2013年郑州市公交相对于小汽车出行，减少一氧化碳、碳氢化合物、氮氧化合物、颗粒物减排量分别达到4713.0t、60.9t、4060.4t和22.7t。

2001年以来郑州市公交污染物减排量 表6-4

年 份	CO减排量(t)	CH减排量(t)	NO_X减排量(t)	颗粒物减排量(t)
2000年	1033.9	13.4	890.8	5.0
2001年	1169.8	15.1	1007.8	5.6
2002年	1942.3	25.1	1673.3	9.3
2003年	2238.4	28.9	1928.4	10.8
2004年	2496.6	32.2	2150.9	12.0
2005年	2821.2	36.4	2430.5	13.6
2006年	3004.6	38.8	2588.5	14.5
2007年	3240.3	41.8	2791.5	15.6
2008年	3694.7	47.7	3183.1	17.8
2009年	3866.4	49.9	3331.0	18.6
2010年	4038.0	52.2	3478.8	19.4
2011年	4088.0	52.8	3521.9	19.7
2012年	4419.9	57.1	3807.8	21.3
2013年	4713.0	60.9	4060.4	22.7
“十一五”时期合计	17843.9	230.5	15372.9	85.9
“十二五”前三年合计	13221.0	170.8	11390.2	63.6

二、郑州市清洁能源公交车对污染物减排的贡献

郑州市作为国家“十城千辆节能与新能源汽车示范推广应用工程”试点城市之一，把增加节能与清洁能源公交车的使用量作为其实质性举措之一。自2009年以来，郑州市公共交通总公司不断增加新能源公交车的投入，截止到2013年，郑州市投入运营清洁能源车辆已达到1570辆，占公交运营车辆总数的27.33%。

清洁能源公交车与常规柴油车相比，一氧化碳、碳氢化合物、氮氧化合物和颗粒物的最高削减比例可达到44%、91%、20%和76%。普通柴油公交车一氧

化碳、碳氢化合物、氮氧化合物和颗粒物百公里的排放量分别为 323g、18g、1240g 和 32g，故清洁能源公交车百公里的污染物排放量可分别缩减 142g、16. 4g、248g 和 24. 3g。按一辆公交车一年运营里程大约在 5. 5 万 km 左右，新投入的1570辆新能源公交车一年可减少一氧化碳、碳氢化合物、氮氧化合物和颗粒物的排放量分别为 122. 7t、14. 1t、214. 1t 和 21t。

第七章 郑州市公共交通对郑州市城市经济社会发展贡献的综合评价

郑州市公共交通对城市经济社会发展有着重要的贡献，为了全面、综合地评价郑州市公共交通对城市经济社会发展的贡献，则需要依靠多指标综合评价方法来评价。多指标综合评价方法具有直观性、综合性的优点，可以综合反映出郑州市公共交通对城市经济社会发展的贡献。多指标综合评价方法的一般步骤详见第二章第四节。

一、郑州市公共交通综合评价指标权重

由于同时对25个指标进行赋权难度较大，因此，我们采用分层赋权的方法，先对二级指标赋权，再对评价指标赋权。

根据分层赋权的原则，采用专家赋权方法确定评价指标的权重，向相关领域的专家发放调查问卷，通过分析调查问卷，得到指标体系的权重见表7-1。

郑州市公共交通对城市经济社会发展贡献评价指标体系权重分布表 表7-1

一级指标	二级指标	权重（%）	四级指标	权重（%）
郑州市公共交通对经济社会发展的贡献	公共交通对城市经济发展的贡献	20	1. 公共交通行业投资占地区生产总值的比重	9
			2. 公共交通行业（模拟市场化）应得利润	4
			3. 公共交通投资带动土地价格的涨幅	7
	公共交通对城市社会发展的贡献	60	4. 公共交通客运量	9
			5. 公交出行分担率	3
			6. 公共交通在机动出行中的占比	3

续上表

一级指标	二级指标	权重（%）	四级指标	权重（%）
郑州市公共交通对经济社会发展的贡献	公共交通对城市社会发展的贡献	60	7. 公共交通节约城市交通占地面积	8
			8. 公共交通相对于小汽车交通油耗节约量	8
			9. 居民公共交通出行支出节约量	8
			10. 公共交通节约城市道路资源	6
			11. 快速公交节约居民出行时间	3
			12. 公交专用车道占有率	3
			13. 郊区万人拥有公交车辆数	3
			14. 行政村通公交率	3
			15. 公共交通责任事故降低率	3
	公共交通对城市环境改善的贡献	20	16. 公交车相对于小汽车出行的二氧化碳减排量	3
			17. 清洁能源公交车相对于柴油公交车的二氧化碳减排量	1
			18. 公交车相对于小汽车出行的一氧化碳减排量	3
			19. 清洁能源公交车相对于柴油公交车的一氧化碳减排量	1
			20. 公交车相对于小汽车出行的碳氢化合物减排量	3
			21. 清洁能源公交车相对于柴油公交车的碳氢化合物减排量	1
			22. 公交车相对于小汽车出行的氮氧化合物减排量	3
			23. 清洁能源公交车相对于柴油公交车的氮氧化合物减排量	1
			24. 公交车相对于小汽车出行的颗粒物减排量	3
			25. 清洁能源公交车相对于柴油公交车的颗粒物减排量	1

二、综合评分

采用极差标准化方法对评价指标数据进行标准化，用功效系数法对标准化后的数据进行加权，权重见表7-1，计算得到2005—2013年郑州市公共交通对城市经济社会发展贡献的综合得分见表7-2。

郑州市公共交通对城市经济社会发展贡献的综合得分 表7-2

年份	2005年	2006年	2007年	2008年	2009年
综合得分	61.9	64.9	70.5	82.7	92.8
年份	2010年	2011年	2012年	2013年	
综合得分	95.0	105.3	115.6	125.7	

为反映“十一五”时期的综合贡献情况，以 2005 年为基期（即 2005 年为 100），对综合得分进行基期标准化，即标准化后的综合得分见表 7-3。

郑州市公共交通对城市经济社会发展贡献的综合得分（2005 年为 100）　　表 7-3

年份	2005 年	2006 年	2007 年	2008 年	2009 年
综合得分	100. 0	104. 9	113. 9	133. 6	150. 0
年份	2010 年	2011 年	2012 年	2013 年	
综合得分	153. 5	170. 1	186. 8	203. 2	

从以上得分可以看出，郑州市公共交通对城市经济社会发展贡献的综合得分由 2005 年的 100 分上升至 2013 年的 203. 2 分。由图 7-1 可以看出，2005 年以来，郑州市公共交通对城市经济社会发展的贡献大体可以分为三个阶段：第一个阶段，2005—2007 年，郑州市公共交通的贡献年均扩大 7. 0 分，该时期郑州市公共交通对城市经济社会发展的贡献主要来源于公交车辆的增长所带来的供给能力的上升；第二个阶段，2008—2010 年，郑州市公共交通的贡献年均扩大 13. 2 分，该时期郑州市公共交通对城市经济社会发展贡献的因素由单一的公交车辆增长逐步转变为公交车辆的增长、清洁能源公交车的使用、快速公交系统的开拓和智能公交系统建设等多种方式来提升公共交通的供给能力、运行速度、服务质量和运营管理水平；第三个阶段，2011—2013 年，郑州市公共交通的贡献年均扩大 16. 6 分，该时期郑州市公共交通迎来了快速发展时期，通过大力推进清洁能源公交车的使用，加强信息化建设，优化线网布局，提升公共交通运行效率，使郑州市公共交通的发展上了一个新的台阶，对经济社会发展的贡献也愈加显著，如图 7-1 所示。

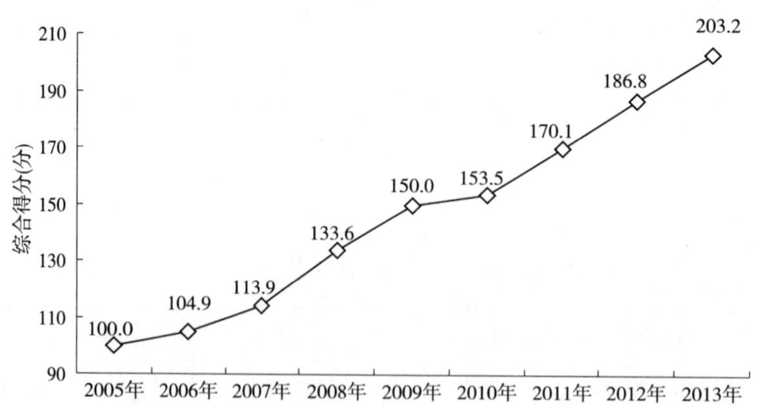

图 7-1　2005—2013 年郑州市公共交通对城市经济社会发展贡献的综合得分情况

第八章 研究结论

郑州市是我国重要的交通枢纽，作为我国中部崛起、中原经济区的特大型中心城市，其经济规模、人口规模都保持较快增长。郑州市经济社会持续较快发展，离不开优先发展城市公共交通的有力支撑和保障。

“十一五”时期，郑州市公共交通实现跨越式发展，运力规模持续增长，线网覆盖日益扩大，运营结构不断优化，服务水平稳步提高，信息智能技术和新能源汽车应用的现代化进程加快，为郑州市的经济建设、社会建设和生态文明建设做出了重要贡献。“十二五”期的前三年，在政府的大力支持下，郑州市公共交通延续了良好发展的势头，继续为国民经济增长和社会发展做出重要贡献。

一、郑州市公共交通有力促进了城市经济的繁荣

(一)郑州市公共交通投资对城市经济增长的贡献

公共交通投资包括车辆购置、场站建设、信息化智能公交建设等。据统计，“十一五”时期，郑州市公共交通共投资 19.2 亿元，带动了 72 亿元的 GDP，提供 11 万个就业岗位，增加税收 13.7 亿元。“十二五”期的前三年，郑州市公共交通共投资 34.5 亿元，最终带来约 128.4 亿元的 GDP，相应增加 19.8 万个就业岗位，增加税收 24.6 亿元。其中，2013 年，郑州市公共交通共投资 12.0 亿元，最终带来约 44.6 亿元的 GDP，相应增加约 6.9 万个就业岗位，增加税收 8.6 亿元。

通过对郑州市公共交通投资的投入产出统计分析测算，1 亿元的车辆购置投资可产生 3.96 倍的产出，1 亿元的场站建设投资可产生 3.48 倍的产出，1 亿元的信息化建设可产生 3.1 倍的产出，并相应提供 5500、6000、5800 个工作岗

位,同时可增加7524、6612、5890万元的税收。

(二)郑州市公共交通投资对城市土地增值的贡献

交通是影响土地价格的重要因素。据对郑州市公共交通投资带动城市土地价格涨幅的统计分析,“十一五”时期,公共交通累计投资达19.2亿元,带动土地增值0.49%,共带动土地价格上涨9.1元/m^2。“十二五”前三年,公共交通累计投资达34.5亿元,带动土地增值0.88%,共带动土地价格上涨33.1元/m^2。其中,2013年公交投资达到12亿元,带动土地增值0.3%,即带动土地价格上涨11.8元/m^2。

(三)郑州市公共交通行业增加值对地区生产总值的贡献

按照收入法和社会平均利润率分析公共交通行业增加值,2013年郑州市公共交通行业增加值为116840.6万元,分别是2000年和2010年的15.4和1.8倍。2000—2013年,郑州市公共交通行业增加值年均增长率为23.4%,比同期郑州市辖区GDP年均增长率高7.7%,表明郑州市公共交通行业的发展快于郑州市经济平均增长水平,公共交通行业的较快发展有力支撑全市经济快速增长。

(四)郑州市公共交通产业链增加值对地区增加值的贡献

公共交通产业链既包括上游的车辆制造维修、场站设施建设、能源加工供给等相关行业的生产活动,也包括下游的居民就业、上学、购物、旅游等出行需求。按照投入产出统计分析,“十二五”期的前三年郑州市公共交通行业产业链增加值为1149823.5万元,占郑州市GDP的比重为2.04%。

郑州市公共交通行业产业链增加值占郑州市GDP的比重呈波动上升的态势,2000年,郑州市公共交通产业链在地区GDP中的比重仅为0.93%,到“十五”时期末上升到1.19%,上升0.26%;到“十一五”时期末,该比重上升到1.77%,比“十五”时期末上升了0.58%;到2013年上升至2.15%。表明相对于郑州市经济平均发展水平,公共交通行业的增长速度有所加快。

公共交通作为城市生产的第一道工序,创造和维持了工作机会,振兴了商业,繁荣了文化,方便了生活,促进了人员、信息、资金的流动,对城市经济社会的高效、和谐发展具有基础性的保障作用。

(五)郑州市公共交通运营对节约社会交通成本的贡献

郑州市公共交通坚持实行低票价和对特殊人群免费的优惠政策,彰显公共交通的社会公益性。在政府补贴和公共交通企业努力降成本增效益的推进下，为乘客节约了大量的公共交通出行费用。据统计分析，2013 年，郑州市公共交通为乘客降低公交出行费用 162905.5 万元，平均每人次公交出行的支出比公共交通运营成本低 1.58 元，相当于给每位公共交通出行的市民一年补贴约 500 元的交通费用。

二、郑州市公共交通大力促进了城市社会可持续发展

公共交通是城市经济社会发展的重要条件，是提高城市综合功能、增强城市活力的重要因素。公共交通作为公益性事业，促进了资源节约、环境友好、公平和谐的可持续发展，是其社会效益最突出的特征。郑州市公共交通在满足居民日益增长的便捷、安全、经济、舒适的出行需求中不断创造出更多的社会价值：

（一）郑州市公共交通的发展对满足市民日益增长的出行需求的贡献

“十一五”期间，郑州市新建成一批市域快速通道，达到 110km，提升了中心城区的辐射带动能力；新改建农村公路 5989km，总里程达到 11060km，为公交通乡镇、通行政村创造了条件；投资 6 亿元建设快速公交线网 31.8km，优化公共交通运营结构；开通了 4 条城际公交线路，推动了以郑州市为核心的中原经济区城际公交网的建设。“十一五”时期，公共交通客运量达到 361183 万人次，比“十五”时期的 222603 万人次增长 62.3%，平均年增长 12.46%。

2013 年郑州市公共交通客运量达到 103233.2 万人次，比 2001 年和 2010 年分别增长了 259.4% 和 25.0%。

（二）郑州市公共交通的发展对节约交通占用城市土地的贡献

随着城市规模的不断扩大，城市土地资源十分紧缺。我国城镇化率还将持续推进，节约土地占用对城市可持续发展具有十分重要的意义。由于公共交通的集约性，与小汽车交通相比，可以大大节约对土地的占用。据统计分析，郑州市公共交通对节约交通占地的贡献从 2001 年的 74.1 万 m^2 上升到 2013 年的 252.8 万 m^2，增长 2.4 倍。2001 年郑州市公共交通节约的土地价值约为 206585 万元，2013 年上升到 5436549 万元，增长 25 倍。

（三）郑州市公共交通的发展对节约交通能耗的贡献

能源紧缺是可持续发展的挑战之一。集约高效的公共交通相对于小汽车交

通具有降低人均交通能耗的显著优势。据统计分析,“十一五”时期,郑州市公共交通相对于小汽车交通,节约油耗 114 万 t,价值约 89 亿元。

2013 年郑州市公交相对于小汽车交通节约油耗达 29.7 万 t,价值约 28 亿元。

(四)郑州市公共交通的发展对降低居民机动交通出行成本的贡献

按照郑州市居民的小汽车保有量的增长情况,若由小汽车出行改乘公共交通出行,以“十一五”时期的 2007—2010 年的四年统计分析,小汽车出行人均支出为 27910.1 元,而这四年的公共交通出行人均支出仅为 2166.4 元,小汽车出行的人均支出是公共交通出行人均支出的 12.9 倍。按郑州市居民小汽车保有量计算,由小汽车出行改乘公共交通出行,四年共可节省出行支出 197.6 亿元。

2013 年,郑州市拥有小汽车的居民若改乘公共交通出行,人均可节省机动出行支出 4972.9 元,共可节省的出行支出达 117.4 亿元。

(五)郑州市公共交通的发展对缓解交通拥堵节约居民出行时间的贡献

以满载乘客的 14m 长公共汽车能够替代以 40km/h 的速度列队行驶的 600m 长的小汽车行车线测算,郑州市“十一五”时期平均拥有公交车数量,可以替代 2436km 长的小汽车行车线。可见,发展公共交通是缓解城市道路拥堵的根本性措施。

2005—2013 年,郑州市城市道路面积年均增长 5% 左右,而近年来郑州市机动车保有量则以 20% 左右的速度持续增长,市内交通拥堵问题比较突出。数据显示,郑州市民上下班耗时约为 58min,其中约有 14min 是因为堵车而多耗用的。以此推算,郑州市民每天上下班因交通拥堵而多耗用的时间总量约为 536667h。

郑州市发展大运量快速公交系统(BRT),对缓解拥堵节约居民出行时间的贡献显著。快速公交运行速度达 20km/h,高于常规公交和社会车辆的运行速度,快速公交线路以 8% 的公交运力承载了全市 20% 的公交客运量。近年来,快速公交日客运量持续增长,2011 年已突破 40 万人次。据调查统计,90% 的乘客反映快速公交缩短了出行时间,一天可节约出行时间约 103200h,从而使全市因交通拥堵多耗用的出行时间减少了约 20%。

(六)郑州市公共交通的发展促进社会公平出行的贡献

郑州市公共交通促进不同社会群体公平出行。“十一五”期间,郑州市公共交通线网长度比“十五”期间增长1.1倍，进一步扩大了公共交通服务的覆盖面，2013年，线网长度已达1263.1km。同时，进一步降低公交票价，吸引更多的市民乘用公交车，“十一五”期间公交客运量比“十五”时期增长62.3%，让更多的市民都能享受到便捷、优质、廉价的公共交通服务。

郑州市公共交通促进不同出行方式的公平出行。从2007年开始建设公交专用车道，特别是在2009年开通快速公交环线，对提升公共交通运营效率、缓解交通拥堵、节约居民出行时间、促进公平利用交通资源具有积极作用。

郑州市公共交通促进城乡间的公平出行。“十一五”期间，郑州市城乡客运一体化进程明显加快，全面普及了“新农巴士”，客运线路公司化改造率超过85%，实现了全市乡镇和行政村客车通达率100%。

（七）郑州市公共交通的发展对交通安全的贡献

据统计，郑州市公共交通责任交通事故率从1999年的0.78次/百万km降至2012年的0.58次/百万km，年均下降3.6%；2013年新交通法规实施后进一步下降至0.47次/百万km，同比下降20%，优于“公交都市”行车责任事故率年均下降1%以上的标准。2013年郑州市公共交通责任交通事故占郑州市全市道路交通事故的比重为3.8%，比2010年下降了4.7%，显示出郑州市公交较好的交通安全水平。郑州市公共交通安全水平的提升对于改善全市交通安全状况具有积极作用。

三、郑州市公共交通有效缓解了城市生态环境压力

（一）郑州市公共交通的发展对温室气体减排的贡献

据统计，“十一五”期间，郑州市公共交通运营里程达108764.5万km，客运量361183万人次，相对于小汽车出行，人均百公里减排二氧化碳1070.6g，“十一五”时期共减排二氧化碳576.4万t；“十二五”前三年，郑州市公共交通运营里程达79517.2万km，客运量292898.8万人次，相对于小汽车出行，“十一五”时期共减排二氧化碳576.4万t。其中，2013年，郑州市公共交通运营里程达28346.51万km，客运量103233.2万人次，相对于小汽车出行，减少二氧化碳排放152.2万t。

2013年，郑州市公共交通投入节能与新能源客车（混合动力）1570辆，与常

规柴油车相比,减少二氧化碳排放量50%,一年可减少4.88万t的二氧化碳排放。

(二)郑州市公共交通的发展对交通污染物减排的贡献

据统计,"十一五"期间,按郑州市公共交通的运营里程和客运量相对于小汽车出行,减少一氧化碳、碳氢化合物、氮氧化合物、颗粒物减排量分别达到17843.9t、230.5t、15372.9t和85.9t;"十二五"期的前三年,郑州市公共交通的运营相对小汽车出行,减少一氧化碳、碳氢化合物、氮氧化合物、颗粒物减排量分别达到13221.0t、170.8t、11390.2t和63.6t;其中,2013年,郑州市公共交通运营相对于小汽车出行,减少一氧化碳、碳氢化合物、氮氧化合物、颗粒物减排量分别达到4713.0t、60.9t、4060.4t和22.7t。

2013年,郑州市公共交通投入节能与新能源客车(混合动力)1570辆,与常规柴油车相比,一年可减少一氧化碳、碳氢化合物、氮氧化合物、颗粒物的排放量分别为122.7t、14.1t、214.1t和21t。

四、郑州市公共交通服务能力的增强推进了对城市经济社会发展贡献综合水平的显著提升

2005—2013年,郑州市公共交通对城市经济社会发展贡献的综合得分分别为100.0、104.9、113.9、133.6、150.0、153.5、170.1、186.8和203.2分。这些数据表明,2005年以来,郑州市公共交通对城市经济社会发展的贡献大体可以分为三个阶段:第一个阶段,2005—2007年,郑州市公交的贡献年均扩大7.0分,该时期郑州市公交对城市经济社会发展的贡献主要来源于公交车辆的增长所带来的供给能力的上升;第二个阶段,2008—2010年,郑州市公交的贡献年均扩大13.2分,该时期郑州市公交对城市经济社会发展贡献的因素由单一的公交车辆增长逐步转变为公交车辆的增长、新能源公交车的使用、快速公交系统的开拓和智能公交系统建设等多种方式来提升公交的供给能力、运行速度、服务质量和运营管理水平;第三个阶段,2011—2013年,郑州市公交的贡献年均扩大16.6分,该时期郑州市公交迎来了快速发展时期,通过大力推进新能源公交车的使用,加强信息化建设,优化线网布局,提升公交运行效率,使郑州市公共交通的发展上了一个新的台阶,对城市经济社会发展的贡献也愈加显著。

总之,依据郑州市公共交通对郑州市经济社会发展贡献的评价研究结论概

括起来:

“十一五”时期,郑州市公共交通客运量达到361183万人次,公共交通运营里程达108764.5万km,公共交通行业实现的增加值为212758.0万元,公共交通行业带动整个产业链实现的增加值达861669.8万元。公共交通行业的运营,减少机动车出行并节约油耗114万t,价值约89亿元;减少CO_2排放576.4万t;减少污染物排放33533.2t;到“十一五”时期末,节约城市交通占地面积达210.7万m^2,比“十五”时期末增加了75.3万m^2。

“十二五”前三年,郑州市公共交通客运量达到292898.8万人次,公共交通运营里程达79517.2万km,公共交通行业实现的增加值为283907.0万元,公共交通行业带动整个产业链实现的增加值达1149823.5万元。公共交通行业的运营,减少机动车出行并节约油耗833595.9万t,价值约74.2亿元;减少CO_2排放427.0万t;减少污染物排放24845.5t。

2013年,郑州市公共交通客运量为103233.2万人次,公共交通运营里程达28346.51万km,公共交通行业实现的增加值为116840.6万元,公共交通行业带动整个产业链实现的增加值达473204.5万元;公共交通行业的运营,减少机动车出行并节约油耗297162.4万t,价值约28.3亿元;减少CO_2排放152.2万t;减少污染物排放8857.0t;节约城市交通占地面积达252.8万m^2,比2010年和2012年分别增加42.1和8.7万m^2。

从投资的角度来看,郑州市新增公共交通投资1亿元,可产生3.72亿元的GDP,提供5800个工作岗位,增加税收7136万元。投资新形成的运营能力,可减少机动出行油耗5317t,价值4869万元;可减少CO_2排放2.92万t;可减少污染物排放170t;可减少机动交通占地44000m^2,价值8584万元。

“十一五”时期,郑州市公共交通累计投资达19.2亿元,产生71.4亿元的GDP,提供111255个工作岗位,增加税收13.7亿元。投资新形成的运营能力,减少机动出行油耗101990.7t,价值93397.2万元;减少CO_2排放56万t,减少污染物排放3260.9t;减少机动交通占地844008.0m^2,价值164658.3万元。

“十二五”期的前三年,郑州市公共交通累计投资达34.5亿元,产生128.4亿元的GDP,提供200147个工作岗位,增加税收24.6亿元。投资新形成的运营能力,减少机动出行油耗183479.6t,价值168019.9万元;减少CO_2排放100.8万t,

减少污染物排放 5866.4t；节约机动交通占地 1518356.4m^2，价值 296217.5 万元。

其中，2013 年，郑州市公共交通投资 12.0 亿元，产生 44.6 亿元的 GDP，提供 69567 个工作岗位，增加税收 8.6 亿元。投资形成的运营能力，减少机动出行油耗 63773.7t，价值 58400.2 万元；减少 CO_2 排放 35.0t；减少污染物排放2039.0t；节约机动交通占地 527749.2m^2，价值 102959.1 万元，使市区 300 多万人受益。

从公交出行分担率来看，郑州市地面公交分担率每提高 1%，需增加公共交通投资约 4.94 亿元，相应可产生 18.4 亿元的 GDP，提供 28652 个工作岗位，增加税收 3.53 亿元。投资形成的运营能力，可减少机动出行油耗 26266.0t，价值 24052.9 万元；可减少 CO_2 排放 14.4 万 t；可减少污染物排放 839.8t；可节约机动交通占地 217360m^2，价值约为 42405 万元。

从发展趋势看，按照《郑州市“十二五”交通运输发展规划》，到“十二五”时期末，郑州市公交出行分担率达到 45% 以上（其中地面公交出行比率 33% 左右），公共交通在城市交通体系中的主体地位基本确立，以公共交通支撑和引导城市可持续发展的“公交都市”新格局基本形成，公共交通对郑州市的经济建设、社会建设和生态文明建设的贡献将提高到新的水平。

第九章

发展建议

郑州市公共交通行业在国家优先发展城市公共交通战略指引下，在郑州市委市政府的高度重视和大力支持下，公共交通企业积极努力，持续增加供给，提升服务水平，实现了跨越式发展。在适应城市快速发展、满足群众出行需求、提高城市效率、降低交通成本、缓解拥堵、减少污染、节约用地、降低能耗、促进公平出行、提高市民生活质量等方面发挥了重要作用。

为了深入践行全国公共交通行业《郑州宣言》提出的“公交优先在中国，让我们做得更好”的庄严承诺，以建设国家“公交都市”示范城市为目标，适应我国重要的交通枢纽和中原经济核心增长区的郑州市都市区的加快发展，提供强有力的公共交通客运保障，提出五点发展建议：

(1)突出公共交通在城市总体规划中的地位和作用，引导城市空间布局的优化，促进郑州市都市区的协调、高效、科学发展。按照建设国家“公交都市”示范城市的路径，全面实施公交优先战略。

(2)增强公共交通的竞争力和吸引力，提高出行分担率。继续优化线网、扩大覆盖、增强能力、调整结构，继续增加大容量快速公交系统，增开公交专用车道，落实路权优先，提高运营时速和准点率，提供便捷、安全、经济、舒适的高品质公共交通服务，确立公共交通在城市交通中的主体地位。在郑州市私人小汽车拥有量快速增长的形势下，尽早实现公共交通占机动化出行比例达60%以上的目标，为缓解高峰拥堵、缩短通勤出行时间，建设“畅通郑州”提供有力支撑。

(3)深化推进绿色公交、智慧公交、平安公交建设，实现升级发展，为郑州市的经济建设、社会建设和环境建设做出更多的贡献，并为郑州市都市区、中原经

济区公交 IC 卡互联互通创造条件。

(4)深化行业改革,在新增场站基础设施建设中,拓宽投资融资渠道,吸引社会资金对场站用地进行综合开发、立体开发,将收益用于基础设施建设和弥补运营亏损。继续推进城乡公交一体化发展、均等化服务,为郑州市加快全城城镇化提供便捷的公共交通保障。

(5)健全持续发展机制。建立对公共交通企业绩效评价制度,健全激励约束机制,促进郑州市"十二五"期公共交通发展规划新制定的各项发展指标圆满实现;完善运营成本规制和政策性亏损的补贴补偿制度;健全公共交通企业内部绩效考核制度和职工工资正常增长机制;加强公共交通文化建设和人才队伍建设,实现高效、安全、和谐、持续发展。

结　束　语

郑州市公共交通对郑州市经济社会发展贡献的评价研究在借鉴国内外研究经验和总结郑州市公交优先发展实践经验的基础上，首次全面、系统地构建起评估城市公共交通在城市经济社会发展中的贡献的理论和方法体系。这个评估体系全面地反映出城市公共交通作为城市发展的基础设施，在城市经济、社会、环境建设中所做出的重要贡献。

本书在实证研究方面具有重要的价值和行业指导意义。首次用定量的方法全面评估郑州市公共交通对郑州市经济社会发展的贡献，将公共交通对城市建设和发展的贡献从定性认识上升到定量认识，使人们对公共交通的认识更加具体、深刻和全面。

本书集理论、方法和实证研究为一体，具有创新性和实用性，可广泛应用于我国各城市公共交通对城市经济社会发展贡献的评价，并在此基础上可以对各个城市之间公共交通对城市发展贡献进行横向比较，寻找出公交优先发展较快的典型城市，总结其发展经验，为推进我国“公交优先”发展战略的实施，全面、深入建设资源节约、环境友好、社会和谐的现代公交都市，实现城市和城市交通的科学发展做出贡献。

参 考 文 献

[1] American Public Transportation Association: http://www. apta. com/Pages/default. aspx.

[2] Smith J J. Does public transit raise site values around its stops enough to pay for itself(were the value captured)[J]. Victoria: Victoria Transport Policy Institute, 2001.

[3] Kazuya Kawamura. Hedomc analysis of the impacts of traffic volumes on property values[J]. Transportation Research Record, 2005, (1924): 69-75.

[4] Price Waterhouse LLP, Transportation Research Board of the National Academies. TCRP Report 31: Funding Strategies for Public Transportation, Volume 2, Casebook. Washington, D. C. , U. S. A. : National Academy Press, 1998.

[5] Roderick B. Diaz. Impacts of Rail Transit on Property Values. APTA 1999 Rapid Transit Conference Proceedings Paper. May 1999.

[6] Silos. Housing In the Macroeconomy: Wealth Distribution, Business Cycles and Portfolio Choice[M]. Dissertation Abstracts International, 2005.

[7] Sherwin Rosen. Hedonic prices and implicit markets: Product differentiation in pure competition[J]. Journal of Pofitical Economy, 1974, 82(1): 34-55.

[8] Tang. The Urban Housing Market In A Transitional Economy: Shanghai as a Case Study[M]. Dissertation Abstracts International, 2006.

[9] 蔡皓，谢绍东. 中国不同排放标准机动车排放因子的确定 [J]. 北京大学学报：自然科学版，2010，46(3)：319-326.

[10] 陈峰，吴奇兵. 轨道交通对房地产增值的定量研究[J]. 城市轨道交通研究，2006，3：12-17.

[11] 陈永林，曹晓春，吴柳柳，等. 汽车尾气排放量的计算方法[J]. 浙江交通职业技术学院学报，2009，10(3)：20-25.

[12] 杜学勇. 机动车尾气排放对城市大气环境的影响分析及有效控制措施探究[J]. 科技创新导报，2012(13)：148.

[13] 杜新波，孙习稳. 城市土地增值原理与收益分配分析[J]. 中国房地产，2003(8)：38-41.

[14] 范雪婷.公共交通与小汽车出行的社会成本比对研究[J].公路与汽运,2012(1):53-55.

[15] 杭鸣.城市公共交通现状及发展趋势[J].公用事业财会,2004(4):43-45.

[16] 胡国强,王高瑞,王国胜.关于投入产出表分配系数的初步研究[J].经济经纬,1997,4:79-80.

[17] 黄玲萍.浅析城市公交成本规制财政补贴政策的实践——以深圳公交为例[J].中国乡镇企业会计,2011(10):103-104.

[18] 韩玲玲,何政伟.GeoCA-Urban 模型在城市增长与土地增值研究中的应用[J].国土资源科技管理,2003,2:48-51.

[19] 何宁.城市快速轨道交通规划系统分析[D].上海:同济大学博士学位论文,1998.

[20] 蒋晓云.略论公交企业公共资金效益与经济效益的平衡[J].企业研究:理论版,2011(4):144.

[21] 姜虹,高自友.基于 AHP 的城市公共交通发展水平模糊综合评判模型[J].曲阜师范大学学报(自然科学版),2012,38(1).

[22] 贾禹琪.大力发展公共交通,解决百姓出行难问题[J].教师,2012(5):128.

[23] 贾洪飞,宗芳,邢欣欣,等.轨道交通对房地产增值影响的计算[J].城市公共交通,2009,1:16.

[24] 黎新华.浅谈优先发展城市公共交通[J].广东交通运输,1997(5):21-23.

[25] 李振福.城市交通系统的人口承载力研究[J].北京交通大学学报:社会科学版,2004,3(4):76-80.

[26] 李伟,傅立新,郝吉明,等.中国道路机动车 10 种污染物的排放量[J].城市环境与城市生态,2003,16(2):36-38.

[27] 刘红.城市增长,土地增值与城市政策 [J].中央财经大学学报,2006,8:71-76.

[28] 罗伯特.瑟夫洛.公交都市[M].北京:中国建筑工业出版社,2007.

[29] 齐彤岩,刘冬梅,刘莹.北京市居民出行时间成本研究[J].公路交通科技,2008,25(6):144-146.

[30] 王德起. 城镇化进程中土地增值机制的理论探析[J]. 城市发展研究,2010(004):102-110.

[31] 王红. 城市综合交通系统评价指标体系[J]. 交通科技与经济,2012,1:033.

[32] 王金科. 浅谈城市公共交通发展水平的评价指标体系[J]. 公用事业财会,2004(4):78-80.

[33] 许建昌,李孟良,秦孔建,等. 北京市柴油公交车辆尾气颗粒物和氮氧化合物排放研究[C]. 中国汽车工程学会燃料与润滑油分会第 13 届年会论文集,2008.

[34] 谢旭轩,张世秋,易如,等. 北京市交通拥堵的社会成本分析[J]. 中国人口资源与环境,2011,21(001):28-32.

[35] 徐黔予. 优先发展城市公共交通的意义与策略[J]. 城市公共交通,2011,7:56-58.

[36] 禹淑景. 浅析公交成本费用合理界定[J]. 中国商界,2010(2).

[37] 袁亮. 浅议城市公交运营成本与经济效益分析[J]. 公用事业财会,2011(2):17-24.

[38] 叶霞飞,蔡蔚. 城市轨道交通开发利益的计算方法[J]. 同济大学学报,2002,30(4):431-436.

[39] 宗刚,吴寒冰. 城市交通投资与经济增长关系的实证分析[J]. 铁道运输与经济,2011,33(4):71-75.

[40] 郑仕华. 文化产业对经济增长的促进作用实证研究——基于浙江省 2007 年投入产出表的分析[J]. 生产力研究,2012,4:78.

[41] 朱明皓,李捷. 城市交通拥堵对经济社会的直接影响分析[J]. 物流技术,2012,31(2):27-29.

[42] 中华人民共和国环境保护部. 中国机动车污染防治年报(2010).

[43] 中国城市公交协会智能交通专业委员会. 中国城市智能公共交通系统发展报告[R]. 2011.

[44] 中国城市公共交通协会. 光辉的历程 辉煌的成就[M]. 北京:教育科学出版社,2011.